数学のかんどころ 24

わかる！使える！楽しめる！
ベクトル空間

福間慶明 著

共立出版

編集委員会

飯高　　茂　（学習院大学名誉教授）
中村　　滋　（東京海洋大学名誉教授）
岡部　恒治　（埼玉大学名誉教授）
桑田　孝泰　（東海大学）

本文イラスト
飯高　　順

「数学のかんどころ」刊行にあたって

数学は過去，現在，未来にわたって不変の真理を扱うものであるから，誰でも容易に理解できてよいはずだが，実際には数学の本を読んで細部まで理解することは至難の業である．線形代数の入門書として数学の基本を扱う場合でも著者の個性が色濃くでるし，読者はさまざまな学習経験をもち，学習目的もそれぞれ違うので，自分にあった数学書を見出すことは難しい．山は１つでも登山道はいろいろあるが，登山者にとって自分に適した道を見つけることは簡単でないのと同じである．失敗をくり返した結果，最適の道を見つけ登頂に成功すればよいが，無理した結果諦めることもあるであろう．

数学の本は通読すら難しいことがあるが，そのかわり最後まで読み通し深く理解したときの感動は非常に深い．鋭い喜びで全身が包まれるような幸福感にひたれるであろう．

本シリーズの著者はみな数学者として生き，また数学を教えてきた．その結果えられた数学理解の要点（極意と言ってもよい）を伝えるように努めて書いているので読者は数学のかんどころをつかむことができるであろう．

本シリーズは，共立出版から昭和 50 年代に刊行された，数学ワンポイント双書の 21 世紀版を意図して企画された．ワンポイント双書の精神を継承し，ページ数を抑え，テーマをしぼり，手軽に読める本になるように留意した．分厚い専門のテキストを辛抱強く読み通すことも意味があるが，薄く，安価な本を気軽に手に取り通読して自分の心にふれる個所を見つけるような読み方も現代的で悪くない．それによって数学を学ぶコツが分かればこれは大きい収穫で一生の財産と言えるであろう．

「これさえ摑めば数学は少しも怖くない，そう信じて進むといいですよ」と読者ひとりびとりを励ましたいと切に思う次第である．

編集委員会と著者一同を代表して

飯高　茂

はじめに

本書はベクトル空間に関する基礎を丁寧に解説することをめざした本である．ベクトル空間は現代数学の諸分野を学ぶ際には欠かせない重要な概念である．したがってベクトル空間に関する重要な結果を証明抜きで与えるよりは，証明を完全な形で載せることにした．ただし，初めて学ぶ方でも理解できるように丁寧に記述することを心がけた．

一般に数学の勉強をする時，例えば命題の証明を読んで勉強している途中で道に迷ってしまい，結局何を言っているのかわからなくなってしまう人も多くいるのではないであろうか．このようなことが何回かあると根気が続かなくなり，最終的に勉強をやめてしまうということにもつながりかねない．そこで本書では道筋をきちんと与えることにより，一人でも迷うことなくゴールにたどり着けるように配慮した．具体的には

- 各証明ごとに証明の手順や目標を述べることにより学習意欲の持続をはかり，証明の流れをつかめるように記述した．さらにその手順に必要な証明を丁寧に書いた．
- できる限り例題や問題を多く取り入れ，ベクトル空間に関する定理をいかに実践で用いるかについて詳しく記述した．また，問題の解答についてもできる限り詳しく記述した．

したがって初めて学ぶ方でも十分に読破できるであろうし，さら

に分野に関係なく「数学でよく使われる考え方」を修得することもできると期待している．

以上の方針であることを考慮すると，読者は次のようにして本書を読むことをお勧めする．

(1)「証明はどうも苦手だ」という方は，まず定義や定理の主張について読み，それに関する例題をみることで，ベクトル空間について慣れることをめざすのがよいであろう．

(2)「証明は苦手だが，どういう流れで示すのかを知りたい」という方は，先に述べたように，各証明ごとに証明の手順や目標を述べ，証明の流れをつかめるように記述したので，詳しい証明までは読まずに，証明の流れや目標のみを読み，先に進むことをお勧めする．

(3)「証明も読んで理解しながら進めたい」という方や，「ベクトル空間論はすでに学んでいるが，もう一度きちんと学びたい」という方は，第1章から第6章まで証明を含めじっくりと読み進めるとよいであろう．

本書の構成は以下の通りである．

まず第1章でベクトル空間の定義を与え，いくつかの性質を見る．第2章では第1章で与えたベクトル空間の定義に従っていくつかの集合がベクトル空間になることを確認する．第3章では部分ベクトル空間について考察する．部分集合がいつベクトル空間となるかについて考える．第4章では一次独立，基底，次元について見ていく．第5章では線形写像を定義し，いくつかの性質を見る．さらに線形写像に関する次元定理などを示す．第6章では有限次元ベクトル空間 V と W の間の線形写像 $f : V \to W$ が V と W の基底を（順序をこめて）1つ決めると，行列を用いて表すことができることについて述べる．これにより線形写像の性質を調べる際に行列の理論を用いることが可能になる．このようにベクトル空間を考察する際においても行列に関する基礎事項が必要となる．

そのような場合には，本書では [5] を適宜引用しつつ話を進めていくことにする．

最後になりましたが，今回この本の執筆をお勧め下さった学習院大学名誉教授の飯高茂先生に感謝いたします．また，多くの有益な助言をいただきました編集委員の先生方にこの場を借りてお礼を申し上げます．そして [5] と本書においてすばらしいイラストを描いていただきました飯高順氏に心から感謝します．さらに本書の出版に際して色々とお世話いただきました共立出版の三浦拓馬さんにお礼を申し上げます．

平成 26 年 2 月

福間　慶明

本書で用いられる記号

$\mathbb{R}$	実数全体からなる集合.
$\mathbb{C}$	複素数全体からなる集合.
$\mathbf{0}_V$	ベクトル空間 V の零元（第 1 章 1.2 節 参照）.
$-\boldsymbol{v}$	ベクトル空間 V の元 $\boldsymbol{v}$ の逆元（第 1 章 1.2 節 参照）.
$\mathbb{R}^n$	n 次元数ベクトル空間（第 2 章 2.1 節 定義 2.2 参照）.
$\boldsymbol{e}_1, \ldots, \boldsymbol{e}_n$	n 次元数ベクトル空間の標準基底（第 4 章 4.2 節定義 4.8 参照）.
$M(n, \mathbb{R})$	各成分が実数の n 次正方行列全体からなる集合（第 2 章 2.2 節 参照）.
$GL(n, \mathbb{R})$	各成分が実数の n 次正則行列全体からなる集合（第 3 章 3.1 節 命題 3.4 参照）.
$P(n, \mathbb{R})$	次数が n 以下の実数係数多項式全体からなる集合（第 2 章 2.3 節 参照）.
$V_1 + V_2$	ベクトル空間 V_1 と V_2 の和（第 3 章 3.1 節 参照）.
$\mathrm{TR}(n, \mathbb{R})$	各成分が実数の n 次正方行列で，トレースが 0 となるもの全体からなる集合（第 3 章 3.2 節 例 3.12 参照）.
$\mathrm{Tr}(A)$	正方行列 A のトレース（第 3 章 3.2 節 例 3.12 参照）.
$\langle S \rangle$	S で生成される部分ベクトル空間（第 3 章 3.3 節定義 3.18 参照）.
$\langle \boldsymbol{a}_1, \ldots, \boldsymbol{a}_n \rangle$	元 $\boldsymbol{a}_1, \ldots, \boldsymbol{a}_n$ で生成される部分ベクトル空間（第 3 章 3.3 節 記号 3.19 参照）.
$\dim V$	ベクトル空間 V の次元（第 4 章 4.3 節 定義 4.10 参照）.

$V_1 \oplus V_2$	ベクトル空間 V_1 と V_2 の直和（第 2 章 2.4 節 定義 2.6 参照）.
$g \circ f$	写像 f と g の合成写像（第 5 章 5.1 節 問題 5.5 参照）.
$V \cong W$	ベクトル空間 V と W が同型である（第 5 章 5.2 節 定義 5.9 参照）.
f^{-1}	同型写像 f の逆写像（第 5 章 5.2 節 例題 5.10 参照）.
m_A	第 5 章 5.2 節 定義 5.12 で定義される写像.
$\mathrm{Ker}(f)$	線形写像 f の核（第 5 章 5.3 節 定義 5.15 参照）.
$\mathrm{Im}(f)$	線形写像 f の像（第 5 章 5.3 節 定義 5.15 参照）.
id_V	ベクトル空間 V から V への恒等写像（第 6 章 6.1 節 問題 6.6 参照）.
$b_{\mathcal{V}}$	第 6 章 6.1 節 定義 6.7 で定義される線形写像.
E_n	n 次単位行列.
$\mathrm{rank}\ A$	行列 A の階数.
$O_{m,n}$	$m \times n$ 行列の零行列.

目　次

第 1 章

ベクトル空間とは

まず第 1 章ではこの本の主人公である「ベクトル空間」の定義を与える．さらにこの定義の中で登場する「零元」や「逆元」などに関する基本的な性質について学ぶ．

1.1 演算について

V を空でない集合とする．ここで集合としては数学的対象を扱う．例えば実数からなる集合や座標平面上の点からなる集合である．これらの集合がどのような性質をもつかについて調べるのは自然な考え方である．これから私たちが行おうとしていることは，V に演算を定義して V の性質を調べることである．このようなことはすでに小学校のころから行っていることである（例えば自然数に対して足し算や掛け算を定義して，その性質を調べていくことなどがその典型的な例)．まず次の言葉を定義する．

定義 1.1

(1)（和）V の任意の2つの元 $\boldsymbol{v}_1, \boldsymbol{v}_2$ に対して「和」と呼ばれる演算 $\boldsymbol{v}_1 + \boldsymbol{v}_2$ で $\boldsymbol{v_1} + \boldsymbol{v_2} \in V$ をみたすものが定義されるとき，これを「**V に和が定義されている**」と呼ぶ．

(2)（スカラー倍）任意の実数 λ と V の任意の元 $\boldsymbol{v}$ に対して「スカラー倍」と呼ばれる演算 $\lambda\boldsymbol{v}$ で $\lambda\boldsymbol{v} \in V$ をみたすものが定義されているとき，これを「**V にスカラー倍が定義されている**」と呼ぶ．

ここで注意しなければいけないのは，(1) では $\boldsymbol{v_1} + \boldsymbol{v_2}$ が $\boldsymbol{V}$ の元になること（このとき $\boldsymbol{V}$ は和に関して閉じているという)，(2) では $\boldsymbol{\lambda v}$ が $\boldsymbol{V}$ の元になること（このとき $\boldsymbol{V}$ はスカラー倍に関して閉じているという）である．

1.2　加群について

ベクトル空間を定義する前に「加群」という概念を定義する．

定義 1.2

V を空でない集合とする．このとき V が**加群 (additive group)** であるとは，V 上に和が定義され，さらに次の４つの性質をみたすときをいう．

① (和の可換性)
V の任意の元 $\boldsymbol{a}$ と $\boldsymbol{b}$ に対して $\boldsymbol{a}+\boldsymbol{b}=\boldsymbol{b}+\boldsymbol{a}$ が成り立つ．

② (和の結合法則) V の任意の元 $\boldsymbol{a}, \boldsymbol{b}, \boldsymbol{c}$ に対して
$(\boldsymbol{a}+\boldsymbol{b})+\boldsymbol{c}=\boldsymbol{a}+(\boldsymbol{b}+\boldsymbol{c})$ が成り立つ．

③ (零元の存在) V のある元 $\boldsymbol{0}$ が存在して，
V の任意の元 $\boldsymbol{a}$ に対して $\boldsymbol{a}+\boldsymbol{0}=\boldsymbol{0}+\boldsymbol{a}=\boldsymbol{a}$ が成り立つ．

④ (和に関する逆元の存在) V の任意の元 $\boldsymbol{a}$ に対して，
V のある元 $\boldsymbol{b}$ が存在して $\boldsymbol{a}+\boldsymbol{b}=\boldsymbol{b}+\boldsymbol{a}=\boldsymbol{0}$ が成り立つ．

注意 1.3　(1) ③の性質をもつ $\boldsymbol{0}$ は存在すればただ 1 つのみである．

[証明]　$\boldsymbol{0}$ と $\boldsymbol{0}'$ を③の性質をもつ元とする．このとき次を示すことが目標である．

(目標)　$\boldsymbol{0}=\boldsymbol{0}'$

まず V の任意の元 $\boldsymbol{a}$ に対して

$$\text{(i)}\ \boldsymbol{a}+\boldsymbol{0}=\boldsymbol{0}+\boldsymbol{a}=\boldsymbol{a}, \quad \text{(ii)}\ \boldsymbol{a}+\boldsymbol{0}'=\boldsymbol{0}'+\boldsymbol{a}=\boldsymbol{a}$$

が成り立つ．(ii) で $\boldsymbol{a}=\boldsymbol{0}$ とおくことにより $\boldsymbol{0}=\boldsymbol{0}+\boldsymbol{0}'$ となる．また (i) で $\boldsymbol{a}=\boldsymbol{0}'$ とおくと，$\boldsymbol{0}'=\boldsymbol{0}+\boldsymbol{0}'$ となる．これら２つを組み合わせると $\boldsymbol{0}=\boldsymbol{0}+\boldsymbol{0}'=\boldsymbol{0}'$ がいえる．　□

これにより③の性質をもつ $\mathbf{0}$ は，ただ 1 つに決まることがわかった．この元 $\mathbf{0}$ を $\mathbf{0}_V$ と書くことにし[1)]，これを V の零元とよぶ．

(2) $\boldsymbol{V}$ の任意の元 $\boldsymbol{a}$ に対して④の性質をみたす $\boldsymbol{b}$ は存在すれば唯一つである．

[証明]　$\boldsymbol{b}$ と $\boldsymbol{b}'$ を④の性質をもつとする．このとき次を示すことが目標である．

（目標）　$\boldsymbol{b} = \boldsymbol{b}'$

まず④から

$$\text{(i) } \boldsymbol{a}+\boldsymbol{b}=\boldsymbol{b}+\boldsymbol{a}=\mathbf{0}_V, \quad \text{(ii) } \boldsymbol{a}+\boldsymbol{b}'=\boldsymbol{b}'+\boldsymbol{a}=\mathbf{0}_V$$

が成り立つ．この (i) と (ii) を使うと $\boldsymbol{b} = \boldsymbol{b}+\mathbf{0}_V = \boldsymbol{b}+(\boldsymbol{a}+\boldsymbol{b}') = (\boldsymbol{b}+\boldsymbol{a})+\boldsymbol{b}' = \mathbf{0}_V+\boldsymbol{b}' = \boldsymbol{b}'$ となる．これより $\boldsymbol{b}=\boldsymbol{b}'$ がいえる． □

これにより④の性質をもつ $\boldsymbol{b}$ は，ただ 1 つに決まることがわかった．この元 $\boldsymbol{b}$ を $-\boldsymbol{a}$ と書き，これを $\boldsymbol{a}$ の逆元 (**inverse element**) と呼ぶ．

1.3　ベクトル空間の定義

ここで V が $\mathbb{R}$ 上のベクトル空間であることの定義を述べる．ここで $\mathbb{R}$ とは実数全体からなる集合とする．

定義 1.4

V を空でない集合とする．このとき V が $\mathbb{R}$ 上のベクトル空間 (**vector space over** $\mathbb{R}$) もしくは $\mathbb{R}$ 上の線形空間 (**linear space over** $\mathbb{R}$) であるとは，V 上に和とスカラー倍が定義さ

1)　V の零元であることを強調するために下つきの添字 V を加え $\mathbf{0}_V$ と記述する．

れ，さらに次の条件をみたすときをいう．

(1) V は加群である[2]．

(2) スカラー倍に関して，次の 4 つの性質をみたす．

⑤ 任意の実数 $k, l \in \mathbb{R}$ と V の任意の元 $\boldsymbol{a}$ に対して，
$(k+l)\boldsymbol{a} = k\boldsymbol{a} + l\boldsymbol{a}$ が成り立つ．

⑥ 任意の実数 $k, l \in \mathbb{R}$ と V の任意の元 $\boldsymbol{a}$ に対して，
$(kl)\boldsymbol{a} = k(l\boldsymbol{a})$ が成り立つ．

⑦ 任意の実数 $k \in \mathbb{R}$ と V の任意の 2 つの元 $\boldsymbol{a}, \boldsymbol{b}$ に対して，$k(\boldsymbol{a}+\boldsymbol{b}) = k\boldsymbol{a} + k\boldsymbol{b}$ が成り立つ．

⑧ V の任意の元 $\boldsymbol{a}$ に対して，$1 \cdot \boldsymbol{a} = \boldsymbol{a}$ が成り立つ．

注意 1.5 (1) V がベクトル空間の時，V の零元 $\boldsymbol{0}_V$ について次の性質が成り立つ．

零元の性質 V を $\mathbb{R}$ 上のベクトル空間とする．

(i) V の任意の元 $\boldsymbol{a}$ に対して $0\boldsymbol{a} = \boldsymbol{0}_V$ が成り立つ．

(ii) 任意の実数 r に対して $r\boldsymbol{0}_V = \boldsymbol{0}_V$ が成り立つ．

[証明] (i) まず次が成り立つ[3]．

$$0\boldsymbol{a} = (0+0)\boldsymbol{a} \underset{⑤}{=} 0\boldsymbol{a} + 0\boldsymbol{a}$$

$0\boldsymbol{a} \in V$ なので加群の定義④より V のある元 $\boldsymbol{c}$ で $0\boldsymbol{a} + \boldsymbol{c} = \boldsymbol{0}_V$ となるものが存在する．すると

$$\begin{aligned}\boldsymbol{0}_V &= 0\boldsymbol{a} + \boldsymbol{c} = (0\boldsymbol{a} + 0\boldsymbol{a}) + \boldsymbol{c} \\ &\underset{②}{=} 0\boldsymbol{a} + (0\boldsymbol{a} + \boldsymbol{c}) = 0\boldsymbol{a} + \boldsymbol{0}_V \underset{③}{=} 0\boldsymbol{a}\end{aligned}$$

以上より示された．

2) つまり定義 1.2 の①から④までの性質をみたす．

3) 等号の下にある番号は定義 1.2 と定義 1.4 にある番号をあらわす．

(ii) 零元の定義より $\mathbf{0}_V + \mathbf{0}_V = \mathbf{0}_V$ がいえる．両辺を r 倍すると

$$r(\mathbf{0}_V + \mathbf{0}_V) = r\mathbf{0}_V$$

となるが，ベクトル空間の定義⑦を用いて左辺を変形すると

$$r(\mathbf{0}_V + \mathbf{0}_V) = r\mathbf{0}_V + r\mathbf{0}_V$$

がいえるので結局 $r\mathbf{0}_V + r\mathbf{0}_V = r\mathbf{0}_V$ が成立する．この両辺に $r\mathbf{0}_V + \boldsymbol{d} = \mathbf{0}_V$ となる $\boldsymbol{d} \in V$ を加えると

$$\begin{aligned}(\text{左辺}) &= (r\mathbf{0}_V + r\mathbf{0}_V) + \boldsymbol{d}\\ &= r\mathbf{0}_V + (r\mathbf{0}_V + \boldsymbol{d})\\ &= r\mathbf{0}_V + \mathbf{0}_V = r\mathbf{0}_V.\end{aligned}$$

$$(\text{右辺}) = r\mathbf{0}_V + \boldsymbol{d} = \mathbf{0}_V.$$

以上より示された．　□

(2) V がベクトル空間の時，$-\boldsymbol{a}$ と $(-1)\boldsymbol{a}$ との関係が気になるが，実は等しいことがいえる．つまり $-\boldsymbol{a} = (-1)\boldsymbol{a}$ が成り立つ．

[証明]　$-\boldsymbol{a}$ は $\boldsymbol{a}$ の逆元なので，

$(-1)\boldsymbol{a}$ が $\boldsymbol{a}$ の逆元である

を示すことが目標となる．つまり，$\boldsymbol{a}+(-1)\boldsymbol{a} = \mathbf{0}_V$, $(-1)\boldsymbol{a}+\boldsymbol{a} = \mathbf{0}_V$ をいえばよい．

$$\boldsymbol{a} + (-1)\boldsymbol{a} \underset{⑧}{=} 1 \cdot \boldsymbol{a} + (-1)\boldsymbol{a} \underset{⑤}{=} (1 + (-1))\boldsymbol{a} = 0\boldsymbol{a} = \mathbf{0}_V.$$

同様にして

$$(-1)\boldsymbol{a} + \boldsymbol{a} \underset{⑧}{=} (-1)\boldsymbol{a} + 1 \cdot \boldsymbol{a} \underset{⑤}{=} ((-1) + 1)\boldsymbol{a} = 0\boldsymbol{a} = \mathbf{0}_V.$$

以上により示された．　□

(3) $\boldsymbol{V}$ を「$\mathbb{R}$ 上」のベクトル空間という言い方をしていることについて．ここでは $\mathbb{R}$ 上のベクトル空間を考えているが，一般には「体[4]」$\boldsymbol{K}$ 上のベクトル空間というものが定義される．その定義は定義 **1.4** の中の「実数」や「$\mathbb{R}$」となっている部分を「体 $\boldsymbol{K}$ の元」や「$\boldsymbol{K}$」に変えたものであるが，体 K として「$\mathbb{R}$ 以外のもの」も考えられることを頭の中に入れておこう．

例 1.6 V を複素数全体からなる集合 $\mathbb{C}$ とする．このとき V は複素数における通常の和と積により $\mathbb{R}$ 上のベクトル空間 V_1 とも思えるし，$\mathbb{C}$ 上のベクトル空間 V_2 とも思える[5]．V_1 と V_2 は集合としては同じものであるが，ベクトル空間の構造としては別のものである．例えば V_1 の次元（第 4 章の定義 4.10 を参照）は 2 であるが，V_2 の次元は 1 である[6]．このように「どこの体」に関してベクトル空間になるかは非常に重要である．

4) 四則演算のできる集合を体と呼ぶ．
5) 2.5 節を参照せよ．
6) 例題 4.25 を参照せよ．

ベクトル空間にまつわる人々（その 1） コラム

ドイツの数学者グラスマンはレベルの高いことで知られるギムナジウムの教師という職につきながら，今日の線形代数学の主要なアイデアを与えた．彼の 1844 年の著書「線形延長論 (Die lineale Ausdehnungslehre)」において部分空間，線形独立，基底，次元などの概念が登場する．このようなすばらしい数学の研究は，彼の生前は認められなかった．1860 年代には彼の関心は言語学へと向き，サンスクリット語の研究において重要な貢献をした．グラスマン代数やグラスマン多様体など彼の名のついた数学用語がある．

図 1-1 ギムナジウムのグラスマン

図 1-2 グラスマン，Hermann Günther Grassmann: 1809-1877, ドイツの数学者

第 2 章

ベクトル空間の例

ここでは様々なベクトル空間の例を見ていく．具体的な例をいくつか挙げ，それらがベクトル空間となるかについて，第1章で与えた定義に沿って調べる．これによりある集合がベクトル空間であることを調べる方法を修得できるであろう．

2.1　$\mathbb{R}^n$ について

実数 $x_1, \ldots, x_n$ を縦に並べて $\begin{pmatrix} x_1 \\ \vdots \\ x_n \end{pmatrix}$ を考え，これを太字など

で表す．またこれら全体の集合を $\mathbb{R}^n$ と書く．すなわち

$$\mathbb{R}^n = \left\{ \begin{pmatrix} x_1 \\ \vdots \\ x_n \end{pmatrix} \;\middle|\; \text{各 } x_i \text{ は実数} \right\}$$

このとき $\mathbb{R}^n$ に和とスカラー倍を次のように定義する．

（和）　$\mathbb{R}^n$ の任意の元 $\boldsymbol{v}_1 = \begin{pmatrix} a_1 \\ \vdots \\ a_n \end{pmatrix}$ と $\boldsymbol{v}_2 = \begin{pmatrix} b_1 \\ \vdots \\ b_n \end{pmatrix}$ に対して

$$\boldsymbol{v}_1 + \boldsymbol{v}_2 = \begin{pmatrix} a_1 + b_1 \\ \vdots \\ a_n + b_n \end{pmatrix}$$

と定義する．

（スカラー倍）　任意の実数 λ と $\mathbb{R}^n$ の任意の元 $\boldsymbol{v} = \begin{pmatrix} a_1 \\ \vdots \\ a_n \end{pmatrix}$ に対して

$$\lambda \boldsymbol{v} = \begin{pmatrix} \lambda a_1 \\ \vdots \\ \lambda a_n \end{pmatrix}$$

と定義する．

このときこの演算に対して $\mathbb{R}^n$ が $\mathbb{R}$ 上のベクトル空間となることをベクトル空間の定義に従って確認してみる[1]．

① $\mathbb{R}^n$ の任意の元 $\boldsymbol{v}_1 = \begin{pmatrix} a_1 \\ \vdots \\ a_n \end{pmatrix}$ と $\boldsymbol{v}_2 = \begin{pmatrix} b_1 \\ \vdots \\ b_n \end{pmatrix}$ に対して

$$\boldsymbol{v}_1 + \boldsymbol{v}_2 = \begin{pmatrix} a_1 + b_1 \\ \vdots \\ a_n + b_n \end{pmatrix} = \begin{pmatrix} b_1 + a_1 \\ \vdots \\ b_n + a_n \end{pmatrix} = \boldsymbol{v}_2 + \boldsymbol{v}_1$$

② $\mathbb{R}^n$ の任意の元 $\boldsymbol{v}_1 = \begin{pmatrix} a_1 \\ \vdots \\ a_n \end{pmatrix}$, $\boldsymbol{v}_2 = \begin{pmatrix} b_1 \\ \vdots \\ b_n \end{pmatrix}$, $\boldsymbol{v}_3 = \begin{pmatrix} c_1 \\ \vdots \\ c_n \end{pmatrix}$ に対して，実数についての結合法則より

$$(\boldsymbol{v}_1 + \boldsymbol{v}_2) + \boldsymbol{v}_3 = \begin{pmatrix} (a_1 + b_1) + c_1 \\ \vdots \\ (a_n + b_n) + c_n \end{pmatrix} = \begin{pmatrix} a_1 + (b_1 + c_1) \\ \vdots \\ a_n + (b_n + c_n) \end{pmatrix}$$
$$= \boldsymbol{v}_1 + (\boldsymbol{v}_2 + \boldsymbol{v}_3)$$

1) 番号①，②，③，④は定義 1.2 の番号①，②，③，④をあらわし，番号⑤，⑥，⑦，⑧ は定義 1.4 の番号⑤，⑥，⑦，⑧をあらわす．

③ $\mathbb{R}^n$ の零元は $\begin{pmatrix} 0 \\ \vdots \\ 0 \end{pmatrix}$ である．実際，次が成立する．

$\mathbb{R}^n$ の任意の元 $\boldsymbol{v} = \begin{pmatrix} a_1 \\ \vdots \\ a_n \end{pmatrix}$ に対して

$$\begin{pmatrix} 0 \\ \vdots \\ 0 \end{pmatrix} + \boldsymbol{v} = \begin{pmatrix} 0 \\ \vdots \\ 0 \end{pmatrix} + \begin{pmatrix} a_1 \\ \vdots \\ a_n \end{pmatrix} = \begin{pmatrix} 0 + a_1 \\ \vdots \\ 0 + a_n \end{pmatrix} = \begin{pmatrix} a_1 \\ \vdots \\ a_n \end{pmatrix} = \boldsymbol{v}$$

$$\boldsymbol{v} + \begin{pmatrix} 0 \\ \vdots \\ 0 \end{pmatrix} = \begin{pmatrix} a_1 \\ \vdots \\ a_n \end{pmatrix} + \begin{pmatrix} 0 \\ \vdots \\ 0 \end{pmatrix} = \begin{pmatrix} a_1 + 0 \\ \vdots \\ a_n + 0 \end{pmatrix} = \begin{pmatrix} a_1 \\ \vdots \\ a_n \end{pmatrix} = \boldsymbol{v}$$

よって $\mathbf{0}_{\mathbb{R}^n} = \begin{pmatrix} 0 \\ \vdots \\ 0 \end{pmatrix}$ と書くことができる．

④ $\mathbb{R}^n$ の任意の元 $\boldsymbol{v} = \begin{pmatrix} a_1 \\ \vdots \\ a_n \end{pmatrix}$ に対して，この逆元は $\begin{pmatrix} -a_1 \\ \vdots \\ -a_n \end{pmatrix}$ である．実際，次が成立する．

$$\begin{pmatrix} a_1 \\ \vdots \\ a_n \end{pmatrix} + \begin{pmatrix} -a_1 \\ \vdots \\ -a_n \end{pmatrix} = \begin{pmatrix} a_1 + (-a_1) \\ \vdots \\ a_n + (-a_n) \end{pmatrix} = \begin{pmatrix} 0 \\ \vdots \\ 0 \end{pmatrix}$$

$$\begin{pmatrix} -a_1 \\ \vdots \\ -a_n \end{pmatrix} + \begin{pmatrix} a_1 \\ \vdots \\ a_n \end{pmatrix} = \begin{pmatrix} (-a_1) + a_1 \\ \vdots \\ (-a_n) + a_n \end{pmatrix} = \begin{pmatrix} 0 \\ \vdots \\ 0 \end{pmatrix}$$

以上で $\mathbb{R}^n$ は加群となることが示された.

⑤任意の実数 λ, μ と $\mathbb{R}^n$ の任意の元 $\boldsymbol{v} = \begin{pmatrix} a_1 \\ \vdots \\ a_n \end{pmatrix}$ に対して,

$$(\lambda + \mu)\boldsymbol{v} = \begin{pmatrix} (\lambda + \mu)a_1 \\ \vdots \\ (\lambda + \mu)a_n \end{pmatrix} = \begin{pmatrix} \lambda a_1 + \mu a_1 \\ \vdots \\ \lambda a_n + \mu a_n \end{pmatrix}$$
$$= \begin{pmatrix} \lambda a_1 \\ \vdots \\ \lambda a_n \end{pmatrix} + \begin{pmatrix} \mu a_1 \\ \vdots \\ \mu a_n \end{pmatrix} = \lambda\boldsymbol{v} + \mu\boldsymbol{v}$$

⑥任意の実数 λ, μ と $\mathbb{R}^n$ の任意の元 $\boldsymbol{v} = \begin{pmatrix} a_1 \\ \vdots \\ a_n \end{pmatrix}$ に対して,

$$(\lambda\mu)\boldsymbol{v} = \begin{pmatrix} (\lambda\mu)a_1 \\ \vdots \\ (\lambda\mu)a_n \end{pmatrix} = \begin{pmatrix} \lambda(\mu a_1) \\ \vdots \\ \lambda(\mu a_n) \end{pmatrix} = \lambda \begin{pmatrix} \mu a_1 \\ \vdots \\ \mu a_n \end{pmatrix} = \lambda(\mu\boldsymbol{v})$$

⑦任意の実数 λ と $\mathbb{R}^n$ の任意の元 $\boldsymbol{v}_1 = \begin{pmatrix} a_1 \\ \vdots \\ a_n \end{pmatrix}$ と $\boldsymbol{v}_2 = \begin{pmatrix} b_1 \\ \vdots \\ b_n \end{pmatrix}$ に

対して

$$\lambda(\boldsymbol{v}_1+\boldsymbol{v}_2)=\lambda\left\{\begin{pmatrix}a_1\\ \vdots\\ a_n\end{pmatrix}+\begin{pmatrix}b_1\\ \vdots\\ b_n\end{pmatrix}\right\}=\lambda\begin{pmatrix}a_1+b_1\\ \vdots\\ a_n+b_n\end{pmatrix}$$

$$=\begin{pmatrix}\lambda(a_1+b_1)\\ \vdots\\ \lambda(a_n+b_n)\end{pmatrix}=\begin{pmatrix}\lambda a_1+\lambda b_1\\ \vdots\\ \lambda a_n+\lambda b_n\end{pmatrix}$$

$$=\begin{pmatrix}\lambda a_1\\ \vdots\\ \lambda a_n\end{pmatrix}+\begin{pmatrix}\lambda b_1\\ \vdots\\ \lambda b_n\end{pmatrix}=\lambda\boldsymbol{v}_1+\lambda\boldsymbol{v}_2$$

⑧ $\mathbb{R}^n$ の任意の元 $\boldsymbol{v}=\begin{pmatrix}a_1\\ \vdots\\ a_n\end{pmatrix}$ に対して

$$1\cdot\boldsymbol{v}=1\cdot\begin{pmatrix}a_1\\ \vdots\\ a_n\end{pmatrix}=\begin{pmatrix}1\cdot a_1\\ \vdots\\ 1\cdot a_n\end{pmatrix}=\begin{pmatrix}a_1\\ \vdots\\ a_n\end{pmatrix}=\boldsymbol{v}$$

以上により示された.

注意 2.1　特に $n=1$ の場合は各ベクトル (a_1) を単に a_1 と書く．このとき $\mathbb{R}$ 自身も $\mathbb{R}$ 上のベクトル空間となることがわかる.

定義 2.2

$\mathbb{R}^n$ を $\mathbb{R}$ 上のベクトル空間と見るとき，この $\mathbb{R}^n$ のことを $\boldsymbol{n}$ **次元数ベクトル空間 (space of $\boldsymbol{n}$-tuples of real numbers)** と呼ぶ.

2.2　n 次正方行列全体からなる集合について

$M(n,\mathbb{R}) = \{$ 各成分が実数からなる n 次正方行列全体 $\}$ とする．このとき $M(n,\mathbb{R})$ に和とスカラー倍を次のように定義する．

（和）　$M(n,\mathbb{R})$ の任意の元

$$A = \begin{pmatrix} a_{11} & \cdots & a_{1n} \\ \vdots & \ddots & \vdots \\ a_{n1} & \cdots & a_{nn} \end{pmatrix} \text{ と } B = \begin{pmatrix} b_{11} & \cdots & b_{1n} \\ \vdots & \ddots & \vdots \\ b_{n1} & \cdots & b_{nn} \end{pmatrix} \text{ に対して}$$

$$A + B = \begin{pmatrix} a_{11} + b_{11} & \cdots & a_{1n} + b_{1n} \\ \vdots & \ddots & \vdots \\ a_{n1} + b_{n1} & \cdots & a_{nn} + b_{nn} \end{pmatrix} \in M(n,\mathbb{R}).$$

（スカラー倍）　任意の実数 λ と $M(n,\mathbb{R})$ の任意の元 $A =$

$$\begin{pmatrix} a_{11} & \cdots & a_{1n} \\ \vdots & \ddots & \vdots \\ a_{n1} & \cdots & a_{nn} \end{pmatrix} \text{ に対して}$$

$$\lambda A = \begin{pmatrix} \lambda a_{11} & \cdots & \lambda a_{1n} \\ \vdots & \ddots & \vdots \\ \lambda a_{n1} & \cdots & \lambda a_{nn} \end{pmatrix} \in M(n,\mathbb{R}).$$

このとき，この演算に対して $\boldsymbol{M(n,\mathbb{R})}$ が $\mathbb{R}$ 上のベクトル空間となることをベクトル空間の定義に従って確認してみる．

① $M(n,\mathbb{R})$ の任意の 2 つの元

$$A = \begin{pmatrix} a_{11} & \cdots & a_{1n} \\ \vdots & \ddots & \vdots \\ a_{n1} & \cdots & a_{nn} \end{pmatrix} \text{ と } B = \begin{pmatrix} b_{11} & \cdots & b_{1n} \\ \vdots & \ddots & \vdots \\ b_{n1} & \cdots & b_{nn} \end{pmatrix} \text{ に対して}$$

$$A+B=\begin{pmatrix} a_{11}+b_{11} & \cdots & a_{1n}+b_{1n} \\ \vdots & \ddots & \vdots \\ a_{n1}+b_{n1} & \cdots & a_{nn}+b_{nn} \end{pmatrix}$$

$$=\begin{pmatrix} b_{11}+a_{11} & \cdots & b_{1n}+a_{1n} \\ \vdots & \ddots & \vdots \\ b_{n1}+a_{n1} & \cdots & b_{nn}+a_{nn} \end{pmatrix}=B+A$$

② $M(n,\mathbb{R})$ の任意の3つの元 $A=\begin{pmatrix} a_{11} & \cdots & a_{1n} \\ \vdots & \ddots & \vdots \\ a_{n1} & \cdots & a_{nn} \end{pmatrix}$,

$B=\begin{pmatrix} b_{11} & \cdots & b_{1n} \\ \vdots & \ddots & \vdots \\ b_{n1} & \cdots & b_{nn} \end{pmatrix}$, $C=\begin{pmatrix} c_{11} & \cdots & c_{1n} \\ \vdots & \ddots & \vdots \\ c_{n1} & \cdots & c_{nn} \end{pmatrix}$ に対して

$$(A+B)+C=\begin{pmatrix} (a_{11}+b_{11})+c_{11} & \cdots & (a_{1n}+b_{1n})+c_{1n} \\ \vdots & \ddots & \vdots \\ (a_{n1}+b_{n1})+c_{n1} & \cdots & (a_{nn}+b_{nn})+c_{nn} \end{pmatrix}$$

$$=\begin{pmatrix} a_{11}+(b_{11}+c_{11}) & \cdots & a_{1n}+(b_{1n}+c_{1n}) \\ \vdots & \ddots & \vdots \\ a_{n1}+(b_{n1}+c_{n1}) & \cdots & a_{nn}+(b_{nn}+c_{nn}) \end{pmatrix}$$

$$=A+(B+C)$$

③ $M(n,\mathbb{R})$ の零元 $\mathbf{0}_{M(n,\mathbb{R})}$ は零行列 $O_{n,n}$ となる．なぜならば

$M(n,\mathbb{R})$ の任意の元 $A=\begin{pmatrix} a_{11} & \cdots & a_{1n} \\ \vdots & \ddots & \vdots \\ a_{n1} & \cdots & a_{nn} \end{pmatrix}$ に対して

$$
\begin{aligned}
O_{n,n} + A &= \begin{pmatrix} 0 & \cdots & 0 \\ \vdots & \ddots & \vdots \\ 0 & \cdots & 0 \end{pmatrix} + \begin{pmatrix} a_{11} & \cdots & a_{1n} \\ \vdots & \ddots & \vdots \\ a_{n1} & \cdots & a_{nn} \end{pmatrix} \\
&= \begin{pmatrix} a_{11} & \cdots & a_{1n} \\ \vdots & \ddots & \vdots \\ a_{n1} & \cdots & a_{nn} \end{pmatrix} = A
\end{aligned}
$$

であり，また同様に $A + O_{n,n} = A$ も確かめられるからである．

④ $M(n, \mathbb{R})$ の任意の元 $A = \begin{pmatrix} a_{11} & \cdots & a_{1n} \\ \vdots & \ddots & \vdots \\ a_{n1} & \cdots & a_{nn} \end{pmatrix}$ に対して，この逆元

B は $B = \begin{pmatrix} -a_{11} & \cdots & -a_{1n} \\ \vdots & \ddots & \vdots \\ -a_{n1} & \cdots & -a_{nn} \end{pmatrix}$ である．なぜならば

$$
A + B = \begin{pmatrix} a_{11} + (-a_{11}) & \cdots & a_{1n} + (-a_{1n}) \\ \vdots & \ddots & \vdots \\ a_{n1} + (-a_{n1}) & \cdots & a_{nn} + (-a_{nn}) \end{pmatrix} = \begin{pmatrix} 0 & \cdots & 0 \\ \vdots & \ddots & \vdots \\ 0 & \cdots & 0 \end{pmatrix}
$$

$$
B + A = \begin{pmatrix} (-a_{11}) + a_{11} & \cdots & (-a_{1n}) + a_{1n} \\ \vdots & \ddots & \vdots \\ (-a_{n1}) + a_{n1} & \cdots & (-a_{nn}) + a_{nn} \end{pmatrix} = \begin{pmatrix} 0 & \cdots & 0 \\ \vdots & \ddots & \vdots \\ 0 & \cdots & 0 \end{pmatrix}
$$

が成り立つからである．

以上で $M(n, \mathbb{R})$ は加群となることが示された．

さらに定義 1.4 の⑤から⑧も成り立つ．

問題 2.3

$M(n,\mathbb{R})$ において上記のように和とスカラー倍を定義すると，定義1.4 の⑤から⑧の性質をみたすことを示せ．

2.3　次数が n 次以下の多項式全体からなる集合

変数 X で n 次（以下）の多項式は昇べきで $a_0 + a_1X + \cdots + a_nX^n$ と書け，これら全体を $P(n,\mathbb{R})$ と書く．すなわち

$$P(n,\mathbb{R}) = \{a_0 + a_1X + \cdots + a_nX^n \mid \text{各 } a_i \text{ は実数}\}$$

このとき和とスカラー倍を次のように定義する．

（和）$P(n,\mathbb{R})$ の任意の2つの元

$$f(X) = \sum_{i=0}^{n} a_iX^i \quad と \quad g(X) = \sum_{i=0}^{n} b_iX^i$$

に対して

$$f(X) + g(X) = \sum_{i=0}^{n} (a_i + b_i)X^i$$

と定義する（ここで $f(X)+g(X) \in P(n,\mathbb{R})$ となることに注意）．

次数が異なる多項式の和について，例えば，$P(2,\mathbb{R})$ の2つの元，$1+X$ と $2+3X+4X^2$ は，$1+X$ を $1+X+0X^2$ と考えて足す．

（スカラー倍） $P(n,\mathbb{R})$ の任意の元 $f(X)=\sum_{i=0}^{n} a_i X^i$ と任意の実数 λ に対して

$$\lambda f(X)=\sum_{i=0}^{n}(\lambda a_i)X^i$$

と定義する（ここで $\lambda f(X)\in P(n,\mathbb{R})$ となることに注意）.

このとき $\boldsymbol{P(n,}\mathbb{R}\boldsymbol{)}$ は $\mathbb{R}$ 上のベクトル空間となる.

[証明] ① $P(n,\mathbb{R})$ の任意の 2 つの元

$$f(X)=\sum_{i=0}^{n} a_i X^i \quad と \quad g(X)=\sum_{i=0}^{n} b_i X^i$$

に対して

$$f(X)+g(X)=\sum_{i=0}^{n}(a_i+b_i)X^i=\sum_{i=0}^{n}(b_i+a_i)X^i=g(X)+f(X)$$

② $P(n,\mathbb{R})$ の任意の 3 つの元

$$f(X)=\sum_{i=0}^{n} a_i X^i, \quad g(X)=\sum_{i=0}^{n} b_i X^i, \quad h(X)=\sum_{i=0}^{n} c_i X^i$$

に対して

$$\begin{aligned}(f(X)+g(X))+h(X)&=\sum_{i=0}^{n}\{(a_i+b_i)+c_i\}X^i\\&=\sum_{i=0}^{n}\{a_i+(b_i+c_i)\}X^i\\&=f(X)+(g(X)+h(X))\end{aligned}$$

③ $P(n,\mathbb{R})$ の零元 $\mathbf{0}_{P(n,\mathbb{R})}$ は $\displaystyle\sum_{i=0}^{n} 0X^i$ である．

なぜならば $P(n,\mathbb{R})$ の任意の元 $f(X)=\displaystyle\sum_{i=0}^{n} a_iX^i$ に対して

$$f(X)+\left(\sum_{i=0}^{n} 0X^i\right)=\sum_{i=0}^{n}(a_i+0)X^i=\sum_{i=0}^{n} a_iX^i=f(X)$$

$$\left(\sum_{i=0}^{n} 0X^i\right)+f(X)=\sum_{i=0}^{n}(0+a_i)X^i=\sum_{i=0}^{n} a_iX^i=f(X)$$

が成り立つからである．

④ $P(n,\mathbb{R})$ の任意の元 $f(X)=\displaystyle\sum_{i=0}^{n} a_iX^i$ に対して，この逆元は

$g(X)=\displaystyle\sum_{i=0}^{n}(-a_i)X^i$ である．なぜならば

$$f(X)+g(X)=\sum_{i=0}^{n}\{a_i+(-a_i)\}X^i=\sum_{i=0}^{n} 0X^i=\mathbf{0}_{P(n,\mathbb{R})}$$

$$g(X)+f(X)=\sum_{i=0}^{n}\{(-a_i)+a_i\}X^i=\sum_{i=0}^{n} 0X^i=\mathbf{0}_{P(n,\mathbb{R})}$$

が成り立つからである．

以上で $P(n,\mathbb{R})$ は加群となることが示された．さらに定義 1.4 の⑤から⑧も成り立つことがわかる．以上により $P(n,\mathbb{R})$ は $\mathbb{R}$ 上のベクトル空間となる． □

問題 2.4

$P(n,\mathbb{R})$ において和とスカラー倍を上記のように定義すると，定義1.4 の⑤から⑧の性質をみたすことを示せ．

2.4　ベクトル空間の直和

V_1, V_2 を $\mathbb{R}$ 上のベクトル空間とする．このとき積集合

$$V_1 \times V_2 = \{(\boldsymbol{v}_1, \boldsymbol{v}_2) \mid \boldsymbol{v}_1 \in V_1, \boldsymbol{v}_2 \in V_2\}$$

に次のような和とスカラー倍を定義する．

（和）$V_1 \times V_2$ の任意の 2 つの元 $(\boldsymbol{a}_1, \boldsymbol{a}_2)$, $(\boldsymbol{b}_1, \boldsymbol{b}_2)$ に対し

$$(\boldsymbol{a}_1, \boldsymbol{a}_2) + (\boldsymbol{b}_1, \boldsymbol{b}_2) = (\boldsymbol{a}_1 + \boldsymbol{b}_1, \boldsymbol{a}_2 + \boldsymbol{b}_2) \in V_1 \times V_2$$

（スカラー倍）任意の実数 r と $V_1 \times V_2$ の任意の元 $(\boldsymbol{a}_1, \boldsymbol{a}_2)$ に対し

$$r(\boldsymbol{a}_1, \boldsymbol{a}_2) = (r\boldsymbol{a}_1, r\boldsymbol{a}_2) \in V_1 \times V_2$$

するとこの演算で $\boldsymbol{V_1 \times V_2}$ は $\mathbb{R}$ 上のベクトル空間となる．

問題 2.5

V_1, V_2 を $\mathbb{R}$ 上のベクトル空間とする．このとき集合 $V_1 \times V_2$ に対し，上のように和とスカラー倍を定義すると $V_1 \times V_2$ は $\mathbb{R}$ 上のベクトル空間となることを示せ．

定義 2.6

このようにしてつくられる $\mathbb{R}$ 上のベクトル空間を $\boldsymbol{V_1}$ と $\boldsymbol{V_2}$ の直和 (**direct sum**) といい，記号で $V_1 \oplus V_2$ と書く．

V_1 と V_2 の直和 $V_1 \oplus V_2$
$\Longleftrightarrow$ 集合 $V_1 \times V_2$ に上のような「和」と「スカラー倍」を定義したもの

注意 2.7　(1) V_1 と V_2 の直和 $V_1 \oplus V_2$ は集合としては $V_1 \times V_2$ と等しいことに注意せよ．また $V_1 \times V_2$ の元 $(\boldsymbol{v}_1, \boldsymbol{v}_2)$ を $V_1 \oplus V_2$ の元とみなすときには $\boldsymbol{v_1} \oplus \boldsymbol{v_2}$ と書くことにする．

(2) $\boldsymbol{v}_1, \boldsymbol{w}_1 \in V_1$, $\boldsymbol{v}_2, \boldsymbol{w}_2 \in V_2$ に対して，直和の定義より

$$\boldsymbol{v}_1 \oplus \boldsymbol{v}_2 = \boldsymbol{w}_1 \oplus \boldsymbol{w}_2 \Leftrightarrow \boldsymbol{v}_1 = \boldsymbol{w}_1,\ \boldsymbol{v}_2 = \boldsymbol{w}_2$$

が成り立つ．

(3) 定義 2.6 では一般のベクトル空間 V_1, V_2 に対して直和を定義しているが，V_1, V_2 が V の部分ベクトル空間[2)] のときは V_1 と V_2 の直和の定義として定義 2.6 とは異なる記述[3)] で定義されていることが多い．しかしその定義は定義 2.6 と同値である（詳しくは命題 5.25 をみよ）．

2)　第 3 章定義 3.1 を見よ．
3)　$W = V_1 + V_2$ であり，かつ $V_1 \cap V_2 = \{\mathbf{0}_V\}$ をみたすとき W を V_1 と V_2 の直和と定義する．

2.5　複素数全体からなる集合

複素数全体からなる集合 $\mathbb{C}$ は $\mathbb{R}$ 上のベクトル空間にもなるし，$\mathbb{C}$ 上のベクトル空間にもなる．

問題 2.8

集合 $\mathbb{C} = \{a + bi \mid a, b \in \mathbb{R}\}$ を考える[4)]．

(1) $\mathbb{C}$ は複素数における通常の和と積により $\mathbb{R}$ 上のベクトル空間となることを示せ．

(2) $\mathbb{C}$ は複素数における通常の和と積により $\mathbb{C}$ 上のベクトル空間となることを示せ．

4)　i は虚数単位をあらわす．

ベクトル空間にまつわる人々（その 2）　コラム

19 世紀中ごろまではベクトル空間に関する多くの基本的結果が得られていた．しかし，理論の枠組みとしてベクトル空間を初めて導入したのがペアノであった．彼は 1888 年に「幾何学的算術 (Calcolo geometrico)」においてベクトル空間の抽象的定義を定式化した．しかしこれがただちに他の数学者に影響を与えたわけではなかった．

図 2-1　ペアノ，Giuseppe Peano: 1858–1932, イタリアの数学者

第 3 章

部分ベクトル空間

この章では，ベクトル空間 V の部分集合 W が V の演算に関してベクトル空間の構造をもつものについて考える．ベクトル空間 V の部分集合 W がいつベクトル空間になるかや，部分ベクトル空間の例をいくつかあげ，部分ベクトル空間の概念の理解をめざす．

3.1　部分ベクトル空間の定義と基本性質

V を $\mathbb{R}$ 上のベクトル空間とする．ここでは V の空でない部分集合 W がベクトル空間の構造をもつ場合を考えてみよう．W 自身は集合なのでこれに適当な和とスカラー倍を定義し，さらにそれらについて定義 1.2 と定義 1.4 の①から⑧がみたされればよい．ではどのような「和」と「スカラー倍」を定義するのが自然であろうか？

いま W は V の部分集合であり，かつ V がベクトル空間であることを考えると，**W における和とスカラー倍を V における和とスカラー倍を用いて定義するのが自然だし**，そうすることで V と W の関係も明確になると期待できる．ここで次の言葉を定義しよう．

定義 3.1

V を $\mathbb{R}$ 上のベクトル空間，W を V の空でない部分集合とする．このとき **W が V の部分ベクトル空間 (subvector space)**，あるいは**部分空間 (subspace)** であるとは W が V における和とスカラー倍でベクトル空間となるときをいう．

では上の定義はいったい何を意味するのであろうか？

そこでまずベクトル空間の定義に従って V の部分ベクトル空間 W はどのような構造をもつか具体的に見ていこう．

まず **W における和とスカラー倍**について考える．

（和）　$\boldsymbol{w}_1, \boldsymbol{w}_2 \in W$ とすると，$\boldsymbol{w}_1, \boldsymbol{w}_2 \in V$ であるので V における和 $\boldsymbol{w}_1 + \boldsymbol{w}_2$ が定義される．

さてこれだけでよいのであろうか？ここで重要なのが「**$\boldsymbol{w}_1 + \boldsymbol{w}_2$ が W の元になるか？**」である．W が V の部分ベクトル空間にな

るには $\boldsymbol{w}_1 + \boldsymbol{w}_2 \in W$ が必要である．

(スカラー倍) $\lambda \in \mathbb{R}$, $\boldsymbol{w} \in W$ とする．やはり $\boldsymbol{w} \in V$ なので V における スカラー倍 $\lambda\boldsymbol{w}$ が定義される．

和と同様に大切なのが「**$\boldsymbol{\lambda w}$ が $\boldsymbol{W}$ の元にはいるか？**」である．W が V の部分ベクトル空間になるには $\lambda\boldsymbol{w} \in W$ となることが必要である．

実はこの **2** つの条件があると **$\boldsymbol{W}$** は **$\boldsymbol{V}$** の部分ベクトル空間になることがわかる．つまり次の定理がいえる．

定理 3.2

V を $\mathbb{R}$ 上のベクトル空間とし，W を V の空でない部分集合とする．このとき次の (i) と (ii) は同値である．

(i) W は V の部分ベクトル空間である．

(ii) 次が成り立つ．

(ii.1) W の任意の2元 $\boldsymbol{w}_1$ と $\boldsymbol{w}_2$ に対して $\boldsymbol{w}_1 + \boldsymbol{w}_2 \in W$ が成り立つ．

(ii.2) 任意の実数 λ と W の任意の元 $\boldsymbol{w}$ に対して $\lambda\boldsymbol{w} \in W$ が成り立つ．

[証明] **(i)$\Longrightarrow$(ii)** について

これは W がベクトル空間であることからわかる（定義 1.4 を見よ）．

(ii)$\Longrightarrow$(i) について

(ii) を仮定しているので調べるべきことは

定義 1.2 と定義 1.4 の①から⑧までが成り立つか

である．

①，②，⑤，⑥，⑦，⑧について

$\boldsymbol{w}_1, \boldsymbol{w}_2 \in W$ ならば $\boldsymbol{w}_1, \boldsymbol{w}_2 \in V$ であり，さらに V は $\mathbb{R}$ 上のベクトル空間なので①，②，⑤，⑥，⑦，⑧は成立することがわかる．

③について

$\boldsymbol{w} \in W$ とする．このとき (ii.2) より $-\boldsymbol{w} = (-1)\boldsymbol{w} \in W$ となる．ここで (ii.1) において $\boldsymbol{w}_1 = \boldsymbol{w}$ と $\boldsymbol{w}_2 = -\boldsymbol{w}$ とおくと $\mathbf{0}_V = \boldsymbol{w}+(-\boldsymbol{w}) \in W$ となる．実はこの $\mathbf{0}_{\boldsymbol{V}}$ が $\boldsymbol{W}$ の零元，つまり $\mathbf{0}_W = \mathbf{0}_V$ である．なぜならば W の任意の元 $\boldsymbol{w}$ に対して $\mathbf{0}_V$ は V の零元かつ $\boldsymbol{w} \in V$ より $\mathbf{0}_V + \boldsymbol{w} = \boldsymbol{w} = \boldsymbol{w} + \mathbf{0}_V$ が成り立つからである．

④について

上の③にあるように W の任意の元 $\boldsymbol{w}$ に対して，(ii.2) より $-\boldsymbol{w} = (-1)\boldsymbol{w} \in W$ となる．このとき $\boldsymbol{w}$ を V の元と思うと，

$$\boldsymbol{w} + (-\boldsymbol{w}) = \mathbf{0}_V = (-\boldsymbol{w}) + \boldsymbol{w}$$

が成り立つ．また上（③について）における議論より $\mathbf{0}_W = \mathbf{0}_V$ なので結局 $\boldsymbol{w} + (-\boldsymbol{w}) = \mathbf{0}_W = (-\boldsymbol{w}) + \boldsymbol{w}$ がいえる．つまり $-\boldsymbol{w}$ が W における和に関する逆元となる．以上で主張がいえた．　□

上の証明から次がわかる．

系 3.3

V を $\mathbb{R}$ 上のベクトル空間，W を V の空でない部分集合とする．もし W が V の部分ベクトル空間ならば $\mathbf{0}_V \in W$ である．したがって $\mathbf{0}_W = \mathbf{0}_V$ になる．

これを用いると次がいえる．

命題 3.4

成分が実数である n 次正則行列全体からなる集合 $GL(n, \mathbb{R})$ は $M(n, \mathbb{R})$ の部分ベクトル空間にはならない．

[証明]　$M(n, \mathbb{R})$ の零元である n 次零行列は正則行列ではない．したがって $\mathbf{0}_{M(n,\mathbb{R})} \notin GL(n, \mathbb{R})$ より系 3.3 から題意がいえる．

また別の方法として，例えば $n = 2$ のとき，

$$\begin{pmatrix} 1 & 0 \\ 0 & 1 \end{pmatrix}, \begin{pmatrix} -1 & 0 \\ 0 & -1 \end{pmatrix} \in GL(2, \mathbb{R})$$

であるが，

$$\begin{pmatrix} 1 & 0 \\ 0 & 1 \end{pmatrix} + \begin{pmatrix} -1 & 0 \\ 0 & -1 \end{pmatrix} = \begin{pmatrix} 0 & 0 \\ 0 & 0 \end{pmatrix} \notin GL(2, \mathbb{R})$$

であるので題意がいえる．□

部分ベクトル空間の共通部分と和集合

部分ベクトル空間のもつ性質として次が成り立つ．

定理 3.5

V を $\mathbb{R}$ 上のベクトル空間，V_1, V_2 を V の部分ベクトル空間とする．このとき $V_1 \cap V_2$ も V の部分ベクトル空間となる．

[証明]　まず，$\boldsymbol{V_1 \cap V_2}$ **は空集合でないこと**を確認しておく．仮定より V_1 と V_2 は V の部分ベクトル空間なので系 3.3 から V の零元 $\mathbf{0}_V$ は V_1 と V_2 に含まれる．したがって $V_1 \cap V_2$ は空集合でない．

次に定理 **3.2** の **(ii.1)** と **(ii.2)** を確認する．

(ii.1) について

$V_1 \cap V_2$ の任意の 2 元 $\boldsymbol{s}_1, \boldsymbol{s}_2$ をとってくる．すると，まず $\boldsymbol{s}_1 \in V_1$ かつ $\boldsymbol{s}_2 \in V_1$ であり，かつ V_1 は V の部分ベクトル空間であることより $\boldsymbol{s}_1 + \boldsymbol{s}_2 \in V_1$ がいえる．また同様にして $\boldsymbol{s}_1 \in V_2$ かつ $\boldsymbol{s}_2 \in V_2$ より $\boldsymbol{s}_1 + \boldsymbol{s}_2 \in V_2$ がいえる．したがって $\boldsymbol{s}_1 + \boldsymbol{s}_2 \in V_1 \cap V_2$ がいえる．

(ii.2) について

$V_1 \cap V_2$ の任意の元 $\boldsymbol{s}$ と任意の実数 λ をとってくる．すると $\boldsymbol{s} \in V_1$ であり，かつ V_1 は V の部分ベクトル空間であることより $\lambda\boldsymbol{s} \in V_1$ がいえる．また $\boldsymbol{s} \in V_2$ より同様にして $\lambda\boldsymbol{s} \in V_2$ がいえる．したがって $\lambda\boldsymbol{s} \in V_1 \cap V_2$ がいえる．

以上より $V_1 \cap V_2$ は V の部分ベクトル空間であることがいえた．□

同様にして次の定理もいえる．

定理 3.6

V を $\mathbb{R}$ 上のベクトル空間とし，$V_1, V_2, \ldots, V_m$ を V の部分ベクトル空間とする．このとき $V_1 \cap V_2 \cap \cdots \cap V_m$ も V の部分ベクトル空間となる．

問題 3.7

定理 3.6 を証明せよ．

注意 3.8　**一般に $V_1 \cup V_2$ は V の部分ベクトル空間にはならない．**

例えば

$$V = \mathbb{R}^2, V_1 = \left\{ \begin{pmatrix} x \\ 0 \end{pmatrix} \middle| \, x \in \mathbb{R} \right\}, \quad V_2 = \left\{ \begin{pmatrix} 0 \\ y \end{pmatrix} \middle| \, y \in \mathbb{R} \right\}$$

とおく．このとき V_1, V_2 は V の部分ベクトル空間となる（各自確認せよ）．

$$\boldsymbol{v}_1 = \begin{pmatrix} 1 \\ 0 \end{pmatrix}, \quad \boldsymbol{v}_2 = \begin{pmatrix} 0 \\ 1 \end{pmatrix}$$

とすると $\boldsymbol{v}_1 \in V_1 \subset V_1 \cup V_2$ かつ $\boldsymbol{v}_2 \in V_2 \subset V_1 \cup V_2$ である．また

$$\boldsymbol{v}_1 + \boldsymbol{v}_2 = \begin{pmatrix} 1 \\ 0 \end{pmatrix} + \begin{pmatrix} 0 \\ 1 \end{pmatrix} = \begin{pmatrix} 1 \\ 1 \end{pmatrix}$$

となるが，$\boldsymbol{v}_1 + \boldsymbol{v}_2 = \begin{pmatrix} 1 \\ 1 \end{pmatrix} \notin V_1 \cup V_2$ である．したがって定理 3.2 (ii.1) をみたさない．

部分ベクトル空間の和

V を $\mathbb{R}$ 上のベクトル空間，V_1, V_2 を V の部分ベクトル空間とする．このとき $\boldsymbol{V_1}$ と $\boldsymbol{V_2}$ の和 $\boldsymbol{V_1 + V_2}$ を次のように定義する．

$$V_1 + V_2 = \{\boldsymbol{x}_1 + \boldsymbol{x}_2 \mid \boldsymbol{x}_1 \in V_1, \boldsymbol{x}_2 \in V_2\}$$

命題 3.9

$V_1 + V_2$ は V の部分ベクトル空間となる.

[証明] 定理 3.2 より次を示せばよいことがわかる．

(ii.1) $V_1 + V_2$ の任意の 2 つの元 $\boldsymbol{u}$ と $\boldsymbol{w}$ に対して，
$\boldsymbol{u} + \boldsymbol{w} \in V_1 + V_2$ が成り立つ.

(ii.2) $V_1 + V_2$ の任意の元 $\boldsymbol{u}$ と任意の実数 λ に対して，
$\lambda\boldsymbol{u} \in V_1 + V_2$ が成り立つ.

(ii.1) について

$V_1 + V_2$ の定義より，V_1 のある元 $\boldsymbol{u}_1, \boldsymbol{w}_1$ と V_2 のある元 $\boldsymbol{u}_2$, $\boldsymbol{w}_2$ で $\boldsymbol{u} = \boldsymbol{u}_1 + \boldsymbol{u}_2$ かつ $\boldsymbol{w} = \boldsymbol{w}_1 + \boldsymbol{w}_2$ をみたすものが存在する．ここで $\boldsymbol{u}_1$, $\boldsymbol{w}_1 \in V_1$ かつ $\boldsymbol{u}_2$, $\boldsymbol{w}_2 \in V_2$ であり，かつ V_1 と V_2 は V の部分ベクトル空間なので $\boldsymbol{u}_1 + \boldsymbol{w}_1 \in V_1$ かつ $\boldsymbol{u}_2 + \boldsymbol{w}_2 \in V_2$ がいえる．したがって

$$\begin{aligned}\boldsymbol{u}+\boldsymbol{w} &= (\boldsymbol{u}_1+\boldsymbol{u}_2)+(\boldsymbol{w}_1+\boldsymbol{w}_2)\\ &= (\boldsymbol{u}_1+\boldsymbol{w}_1)+(\boldsymbol{u}_2+\boldsymbol{w}_2) \in V_1+V_2\end{aligned}$$

(ii.2) について

V_1+V_2 の定義より，V_1 のある元 $\boldsymbol{u}_1$ と V_2 のある元 $\boldsymbol{u}_2$ で $\boldsymbol{u} = \boldsymbol{u}_1+\boldsymbol{u}_2$ をみたすものが存在する．ここで V_1 と V_2 は V の部分ベクトル空間なので，$\lambda\boldsymbol{v}_1 \in V_1$ かつ $\lambda\boldsymbol{v}_2 \in V_2$ がいえる．したがって任意の実数 λ に対して

$$\lambda\boldsymbol{u} = \lambda(\boldsymbol{u}_1+\boldsymbol{u}_2) = \lambda\boldsymbol{u}_1+\lambda\boldsymbol{u}_2 \in V_1+V_2$$

以上より V_1+V_2 は V の部分ベクトル空間である．□

V を $\mathbb{R}$ 上のベクトル空間，$V_1, V_2, \ldots, V_m$ を V の部分ベクトル空間とする．このとき $\boldsymbol{V_1, V_2, \ldots, V_m}$ **の和** $\boldsymbol{V_1+V_2+\cdots+V_m}$ を次のように定義する．

$$\begin{aligned}&V_1+V_2+\cdots+V_m\\ &= \{\boldsymbol{x}_1+\boldsymbol{x}_2+\cdots+\boldsymbol{x}_m \mid \boldsymbol{x}_1 \in V_1, \boldsymbol{x}_2 \in V_2, \ldots, \boldsymbol{x}_m \in V_m\}\end{aligned}$$

このとき命題 3.9 の証明と同様にして，次が示せる．

命題 3.10

$V_1+V_2+\cdots+V_m$ は V の部分ベクトル空間となる．

問題 3.11

V を $\mathbb{R}$ 上のベクトル空間，V_1，V_2 を V の部分ベクトル空間とする．このとき $V_1 \subset V_1+V_2$, $V_2 \subset V_1+V_2$ を示せ．

3.2 部分ベクトル空間の例

ここでは部分ベクトル空間の例を見てみる.

例 3.12

$$M(n,\mathbb{R}) = \{\, n\text{ 次正方行列 } A \mid A\text{ の各成分は実数}\,\}$$

は $\mathbb{R}$ 上のベクトル空間になることは第 2 章 2.2 節で確認した.

$M(n,\mathbb{R})$ の元

$$A = \begin{pmatrix} a_{11} & a_{12} & \cdots & a_{1n} \\ a_{21} & a_{22} & \cdots & a_{2n} \\ \vdots & \vdots & \ddots & \vdots \\ a_{n1} & a_{n2} & \cdots & a_{nn} \end{pmatrix}$$

に対して, A のトレース $\mathrm{Tr}(A)$ を次のように定義する[1].

$$\mathrm{Tr}(A) = a_{11} + a_{22} + \cdots + a_{nn} \quad (\text{つまり } A \text{ の対角成分の和}).$$

ここで $\mathrm{Tr}(A) = 0$ となる A 全体を $\mathrm{TR}(n,\mathbb{R})$ とおく. すなわち

$$\mathrm{TR}(n,\mathbb{R}) = \{A \in M(n,\mathbb{R}) \mid \mathrm{Tr}(A) = 0\}$$

このとき $\mathrm{TR}(n,\mathbb{R})$ は $M(n,\mathbb{R})$ の部分ベクトル空間になる.

[証明] まず最初に零行列 $O_{n,n}$ は $\mathrm{TR}(n,\mathbb{R})$ の元となるので $\mathrm{TR}(n,\mathbb{R})$ は空集合ではない. 次に定理 **3.2** の **(ii.1)** と **(ii.2)** が成り立つことを調べればよい.

(ii.1) について

$\mathrm{TR}(n,\mathbb{R})$ の任意の 2 元 A, B をとってくる. このとき,

---

1) 例えば, [5, 第 3 章 3.1 節] を参照のこと.

$A, B \in M(n, \mathbb{R})$ より $A + B \in M(n, \mathbb{R})$ である．また

$$\mathrm{Tr}(A+B) = \mathrm{Tr}(A) + \mathrm{Tr}(B)$$

が成り立つことに注意すると，$\mathrm{Tr}(A) = 0$ かつ $\mathrm{Tr}(B) = 0$ なので

$$\mathrm{Tr}(A+B) = \mathrm{Tr}(A) + \mathrm{Tr}(B) = 0 + 0 = 0$$

がいえる．したがって $A + B \in \mathrm{TR}(n, \mathbb{R})$ である．

(ii.2) について

$\mathrm{TR}(n, \mathbb{R})$ の任意の元 A と任意の実数 λ をとってくる．このとき $A \in M(n, \mathbb{R})$ より $\lambda A \in M(n, \mathbb{R})$ である．また

$$\mathrm{Tr}(\lambda A) = \sum_{i=1}^{n} \lambda a_{ii} = \lambda \sum_{i=1}^{n} a_{ii} = \lambda \mathrm{Tr}(A)$$

が成り立つので，$\mathrm{Tr}(A) = 0$ であることを考えると

$$\mathrm{Tr}(\lambda A) = \lambda \mathrm{Tr}(A) = 0$$

がいえる．したがって $\lambda A \in \mathrm{TR}(n, \mathbb{R})$ である．

以上より $\mathrm{TR}(n, \mathbb{R})$ は $M(n, \mathbb{R})$ の部分ベクトル空間になることが示された． □

$\mathbb{R}$ 上のベクトル空間 U の空でない部分集合 V を考える．このとき V が部分ベクトル空間になるか否かについての問題は以下の①と②にしたがって答えればよい．

① V が部分ベクトル空間であることを示すには定理 3.2 の条件 (ii.1) と (ii.2) が成り立つことを示せばよい．

② V が部分ベクトル空間とならないことを示すには定理 3.2 の条件 (ii.1) と (ii.2) のうちのどちらか 1 つでもみたさない

例を挙げればよい.

例題 3.13

3 次元数ベクトル空間 $\mathbb{R}^3$ の部分集合

$$V = \left\{ \begin{pmatrix} x \\ y \\ z \end{pmatrix} \in \mathbb{R}^3 \;\middle|\; 3x - 2y + z = 0 \right\}$$

は $\mathbb{R}^3$ の部分ベクトル空間となるかを調べよ.

[解答例] まず $\begin{pmatrix} 0 \\ 0 \\ 0 \end{pmatrix} \in V$ なので V は $\mathbf{0}_{\mathbb{R}^3}$ を含む. 次に定理 3.2 の (ii.1) と (ii.2) が成り立つかを調べる.

(ii.1) について

$\boldsymbol{v}_1$ と $\boldsymbol{v}_2$ は V の元より,

$$\boldsymbol{v}_1 = \begin{pmatrix} a_1 \\ b_1 \\ c_1 \end{pmatrix}, \quad \boldsymbol{v}_2 = \begin{pmatrix} a_2 \\ b_2 \\ c_2 \end{pmatrix}$$

であり, かつ

$$3a_1 - 2b_1 + c_1 = 0, \quad 3a_2 - 2b_2 + c_2 = 0$$

をみたす. すると, この 2 式を足すことにより,

$$3(a_1 + a_2) - 2(b_1 + b_2) + (c_1 + c_2) = 0$$

を得る. したがって V の定義より

$$\boldsymbol{v}_1 + \boldsymbol{v}_2 = \begin{pmatrix} a_1 + a_2 \\ b_1 + b_2 \\ c_1 + c_2 \end{pmatrix} \in V$$

となることがわかる．

(ii.2) について

$\boldsymbol{v}$ は V の元より，

$$\boldsymbol{v} = \begin{pmatrix} a \\ b \\ c \end{pmatrix} \quad \text{かつ} \quad 3a - 2b + c = 0$$

となる．したがって，右式を両辺 λ 倍すると $3(\lambda a) - 2(\lambda b) + (\lambda c) = 0$ となるので

$$\lambda \boldsymbol{v} = \begin{pmatrix} \lambda a \\ \lambda b \\ \lambda c \end{pmatrix} \in V$$

がいえる．

以上より V は $\mathbb{R}^3$ の部分ベクトル空間となることがわかった．　□

例題 3.14

ベクトル空間 $\mathbb{R}^3$ の部分集合

$$V = \left\{ \begin{pmatrix} x \\ y \\ z \end{pmatrix} \in \mathbb{R}^3 \;\middle|\; 3x - 2y + z = 1 \right\}$$

は $\mathbb{R}^3$ の部分ベクトル空間となるかを調べよ．

[解答例]　次の理由により V は部分ベクトル空間にならない．V の

元として，例えば $\begin{pmatrix} 1 \\ 1 \\ 0 \end{pmatrix}$ をとってくる．$3 \cdot 1 - 2 \cdot 1 + 0 = 1$ よりこれは V の元である．

このときこれを 2 倍したベクトル $\begin{pmatrix} x \\ y \\ z \end{pmatrix} = \begin{pmatrix} 2 \\ 2 \\ 0 \end{pmatrix}$ を考えると，

$$3x - 2y + z = 3 \cdot 2 - 2 \cdot 2 + 0 = 2 \neq 1$$

となるので，定理 3.2 (ii.2) の条件をみたさないことがわかる． □

問題 3.15

3 次元数ベクトル空間 $\mathbb{R}^3$ の部分集合

$$V = \left\{ \begin{pmatrix} x \\ y \\ z \end{pmatrix} \in \mathbb{R}^3 \;\middle|\; 2x - 3y + z = 0,\ x + y + z = 0 \right\}$$

は $\mathbb{R}^3$ の部分ベクトル空間となるかを調べよ．

問題 3.16

$P(2, \mathbb{R})$ は $P(3, \mathbb{R})$ の部分ベクトル空間となることを示せ．

3.3 集合により生成されるベクトル空間

部分ベクトル空間の例として次の大切な概念を定義する．

V を $\mathbb{R}$ 上のベクトル空間，S を V の空でない部分集合とする．このとき次を考える．

「$\boldsymbol{S}$ を用いて $\boldsymbol{V}$ の部分ベクトル空間をつくる」

もし S が V の部分ベクトル空間ならば S の任意の2元 $\boldsymbol{s}_1$，$\boldsymbol{s}_2$ に対して $\boldsymbol{s}_1+\boldsymbol{s}_2 \in S$ が成り立ち，さらに任意の実数 λ と S の任意の元 $\boldsymbol{s}$ に対して $\lambda\boldsymbol{s} \in S$ が成り立つ．しかし S がベクトル空間でなければこれらがいえるとは限らない．すると S からベクトル空間をつくるには $\boldsymbol{s_1}+\boldsymbol{s_2}$ や $\boldsymbol{\lambda s}$ も元として含むような集合を考えなければならない．このように考えると，次のような集合 $\langle S\rangle$ をつくるという発想にたどり着く[2]．

$$\langle S\rangle = \left\{ \sum_{\text{有限和}} \lambda_i \boldsymbol{s}_i \;\middle|\; \boldsymbol{s}_i \in S, \lambda_i \in \mathbb{R} \right\} \tag{3.1}$$

ここで $\displaystyle\sum_{\text{有限和}} \lambda_i \boldsymbol{s}_i$ とは「$\lambda_i \boldsymbol{s}_i$ の形の元を有限個足すこと」を意味する．

実はこの $\langle \boldsymbol{S}\rangle$ は $\boldsymbol{V}$ の部分ベクトル空間になる．

命題 3.17

V を $\mathbb{R}$ 上のベクトル空間，S を V の空でない部分集合とする．このとき $\langle S\rangle$ は V の部分ベクトル空間になる．

[証明]　定理3.2を用いて示す．まず集合 $\langle S\rangle$ の定義から $S \subset \langle S\rangle$ であり，かつ S は空集合でないので $\langle S\rangle$ は空集合でないことに注意する．また V はベクトル空間であることを考えると $\langle S\rangle$ の定義から $\langle S\rangle$ は V の部分集合になることにも注意する．

そして $\langle S\rangle$ の定義から次のことがいえる．

2）V が体 K 上のベクトル空間のとき式 (3.1) の λ_i は K の元となる．

$$
(\spadesuit)\begin{cases}\langle S\rangle \text{ の任意の元 } \boldsymbol{s} \text{ を与えると} \\ \text{ある有限個の実数 } \lambda_i \text{ と } S \text{ のある有限個の元 } \boldsymbol{s}_i \text{ が存在して} \\ \boldsymbol{s} = \displaystyle\sum_{\text{有限和}} \lambda_i \boldsymbol{s}_i \text{ と書くことができる.}\end{cases}
$$

そこで定理 3.2 の (ii.1) と (ii.2) について調べる．

(ii.1) について

$\langle S\rangle$ の任意の 2 つの元 $\boldsymbol{s}$ と $\boldsymbol{t}$ をとってくる．このとき $(\spadesuit)$ より実数 λ_i, μ_j と S の元 $\boldsymbol{s}_i, \boldsymbol{t}_j$ を用いて

$$
\boldsymbol{s} = \sum_{\text{有限和}} \lambda_i \boldsymbol{s}_i, \quad \boldsymbol{t} = \sum_{\text{有限和}} \mu_j \boldsymbol{t}_j
$$

と書くことができる．すると $\boldsymbol{s}+\boldsymbol{t} = \displaystyle\sum_{\text{有限和}} \lambda_i \boldsymbol{s}_i + \sum_{\text{有限和}} \mu_j \boldsymbol{t}_j$ となる．つまり $\boldsymbol{s}+\boldsymbol{t}$ は実数 ν_k と S の元 $\boldsymbol{u}_k$ を用いて $\nu_k \boldsymbol{u}_k$ の形の元の有限和として表せる．集合 $\langle S\rangle$ の定義より，これは $\langle S\rangle$ の元，つまり $\boldsymbol{s}+\boldsymbol{t} \in \langle S\rangle$ となることがわかる．

(ii.2) について

(ii.1) の方法と同様に考える．$\langle S\rangle$ の任意の元 $\boldsymbol{u}$ と任意の実数 λ をとってくる．このとき $(\spadesuit)$ より実数 ν_i と S の元 $\boldsymbol{u}_i$ を用いて

$$
\boldsymbol{u} = \sum_{\text{有限和}} \nu_i \boldsymbol{u}_i
$$

と書くことができる．すると

$$
\lambda \boldsymbol{u} = \lambda \sum_{\text{有限和}} \nu_i \boldsymbol{u}_i = \sum_{\text{有限和}} \lambda(\nu_i \boldsymbol{u}_i) = \sum_{\text{有限和}} (\lambda\nu_i) \boldsymbol{u}_i
$$

となる．$\lambda\nu_i$ は実数より $\lambda\boldsymbol{u}$ は $\langle S\rangle$ の元となることがわかる．以上より $\langle S\rangle$ は V の部分ベクトル空間である． □

定義 3.18

V を $\mathbb{R}$ 上のベクトル空間，S を V の空でない部分集合とする．このとき $\langle S \rangle$ を **S で生成される**（**もしくは S から作られる**）**部分ベクトル空間 (subspace generated by S)** と呼ぶ．

記号 3.19

$\mathbb{R}$ 上のベクトル空間 V の部分集合 S が有限個の元からなるとき，つまり $S = \{\boldsymbol{a}_1, \ldots, \boldsymbol{a}_n\}$ のとき，$\langle S \rangle$ を $\langle \boldsymbol{a}_1, \ldots, \boldsymbol{a}_n \rangle$ と書く．

注意 3.20

$$\langle \boldsymbol{a}_1, \ldots, \boldsymbol{a}_n \rangle = \{\lambda_1 \boldsymbol{a}_1 + \cdots + \lambda_n \boldsymbol{a}_n \mid \lambda_1, \ldots, \lambda_n \in \mathbb{R}\}$$

となることに注意．$\lambda_1 \boldsymbol{a}_1 + \cdots + \lambda_n \boldsymbol{a}_n$ と表される元を $\boldsymbol{a}_1, \ldots, \boldsymbol{a}_n$ の**一次結合**，もしくは，**線形結合**（linear combination）という．

集合 $\langle S \rangle$ は次のように記述することもできる．

定理 3.21

V を $\mathbb{R}$ 上のベクトル空間，S を V の空でない部分集合，そして $\mathcal{B} = \{W \mid W$ は V の部分ベクトル空間で $S \subset W$ をみたす$\}$ とする．このとき $\langle S \rangle = \bigcap_{W \in \mathcal{B}} W$ が成り立つ．

[証明]　次を示すことが目標である．

（目標）　(a) $\langle S \rangle \subset \bigcap_{W \in \mathcal{B}} W$，(b) $\langle S \rangle \supset \bigcap_{W \in \mathcal{B}} W$

(a) について

これを示すには $\mathcal{B}$ の任意の元 W に対して

$$\langle S \rangle \subset W$$

となることをいえばよい．これを示すには

「$\langle S \rangle$ の任意の元 $\boldsymbol{s}$ に対して $\boldsymbol{s} \in W$」

をいえばよい．$\langle S \rangle$ の任意の元 $\boldsymbol{s}$ は S のある有限個の元 $\boldsymbol{s}_i$ と，ある有限個の実数 λ_i を用いて

$$\boldsymbol{s} = \sum_{\text{有限個}} \lambda_i \boldsymbol{s}_i$$

と表せる．すると $\boldsymbol{s}_i \in S$ であり，かつ W は $\mathcal{B}$ の元であるので，$S \subset W$ をみたす．よって任意の i に対して $\boldsymbol{s}_i \in W$ である．さらに W は $\mathbb{R}$ 上のベクトル空間より任意の i に対して $\lambda_i \boldsymbol{s}_i \in W$ であり，したがって $\displaystyle\sum_{\text{有限個}} \lambda_i \boldsymbol{s}_i \in W$ となる．つまりこれは $\boldsymbol{s} \in W$ を意味する．以上より (a) がいえた．

(b) について

命題 3.17 より $\langle S \rangle$ は V の部分ベクトル空間である．さらに $S \subset \langle S \rangle$ であるので $\langle S \rangle \in \mathcal{B}$ となる．よって $\displaystyle\bigcap_{W \in \mathcal{B}} W$ となる W のうちの 1 つは $\langle S \rangle$ となる．したがって $\langle S \rangle \supset \displaystyle\bigcap_{W \in \mathcal{B}} W$ がいえ，(b) が示された． □

注意 3.22　実は $\langle S \rangle$ は V の部分ベクトル空間で S を含むもののうち，包含関係において最小のものとなる．**つまり $\boldsymbol{U}$ を $\boldsymbol{V}$ の部分ベクトル空間でかつ $\boldsymbol{S} \subset \boldsymbol{U}$ とするとつねに $\langle \boldsymbol{S} \rangle \subset \boldsymbol{U}$ が成り立つ．**

[証明]　定理 3.21 より

$$\langle S \rangle = \bigcap_{W \in \mathcal{B}} W \tag{3.2}$$

が成り立つ．一方，U の仮定より $U \in \mathcal{B}$ となる．したがって

$\bigcap_{W \in \mathcal{B}} W \subset U$ がいえる．これと (3.2) より $\langle S \rangle \subset U$ がいえる．　□

以上をまとめておくと

命題 3.23

V を $\mathbb{R}$ 上のベクトル空間，S を V の空でない部分集合とする．このとき S で生成される部分ベクトル空間 $\langle S \rangle$ は S を含む最小の部分ベクトル空間である．

問題 3.24

ベクトル空間 $P(3, \mathbb{R})$ の部分集合 $\{x^3 - 2x, x^3, x\}$ と $\{x^3, x\}$ を考える．このとき，$\langle x^3 - 2x, x^3, x \rangle = \langle x^3, x \rangle$ を示せ．

部分集合と部分空間　コラム

本によっては，あるベクトル空間 V の部分ベクトル空間のことを単に「部分空間」と呼ぶことがある．この「部分**空間**」を単なる「部分**集合**」と勘違いしないように気をつける必要がある．V の「部分**空間**」は，V の「部分**集合**」であるが，V の「部分**集合**」は V の「部分**空間**」とは限らない．数学には言葉は似ているが，意味はまったく違うというものがこの他にもあるので注意が必要である．この本ではこのような間違いを防ぐ意味もあって「部分ベクトル空間」と呼ぶことにしている．

第 4 章

基底と次元

V を $\mathbb{R}$ 上のベクトル空間とする．一般に V には無限に多くの元があり，それらを把握するには困難をともなうのではないかと想像される．V の元について考えるとき，もし V の任意の元がある特定の元たちを用いてただ一通りに表現することができれば，V の性質を調べるときにも役立つことが期待できる．ここではこのような性質をもつものとしてベクトル空間の基底という概念を考え，さらに次元について学ぶ．特に有限次元のベクトル空間のもつ基本性質について学ぶ．

4.1　一次独立

まずここではベクトルの「一次独立」という概念を考える．

定義 4.1

V を $\mathbb{R}$ 上のベクトル空間，$\boldsymbol{v}_1, \boldsymbol{v}_2, \ldots, \boldsymbol{v}_n$ を V の元とする．

(1) $\boldsymbol{v}_1, \boldsymbol{v}_2, \ldots, \boldsymbol{v}_n$ が**一次独立 (linearly independent)** であるとは次の性質をみたすときをいう．

「もしある実数 $\boldsymbol{r_1, r_2, \ldots, r_n}$ で $\displaystyle\sum_{i=1}^{n} \boldsymbol{r_i v_i} = \boldsymbol{0_V}$ ならば $\boldsymbol{(r_1, r_2, \ldots, r_n) = (0, 0, \ldots, 0)}$ となる．」

(2) $\boldsymbol{v}_1, \boldsymbol{v}_2, \ldots, \boldsymbol{v}_n$ が**一次従属 (linearly dependent)** であるとはこれらが一次独立でない時をいう．つまり

「$\boldsymbol{(r_1, r_2, \ldots, r_n) \neq (0, 0, \ldots, 0)}$ なる実数 $\boldsymbol{r_1, r_2, \ldots, r_n}$ で $\displaystyle\sum_{i=1}^{n} \boldsymbol{r_i v_i} = \boldsymbol{0_V}$ をみたすものが存在する．」

例 4.2　$V = \mathbb{R}^3$, $\boldsymbol{v}_1 = \begin{pmatrix} 1 \\ 2 \\ 1 \end{pmatrix}$, $\boldsymbol{v}_2 = \begin{pmatrix} 3 \\ 0 \\ 1 \end{pmatrix}$, $\boldsymbol{v}_3 = \begin{pmatrix} -1 \\ -1 \\ 1 \end{pmatrix}$, $\boldsymbol{v}_4 = \begin{pmatrix} 4 \\ 2 \\ 2 \end{pmatrix}$ とする．まず $\boldsymbol{v}_1$, $\boldsymbol{v}_2$, $\boldsymbol{v}_3$ が一次独立となるか調べる．

もし $r_1\boldsymbol{v}_1 + r_2\boldsymbol{v}_2 + r_3\boldsymbol{v}_3 = \boldsymbol{0}_{\mathbb{R}^3}$ が成り立つとするならば，

$$r_1\boldsymbol{v}_1 + r_2\boldsymbol{v}_2 + r_3\boldsymbol{v}_3 = \begin{pmatrix} r_1 + 3r_2 - r_3 \\ 2r_1 - r_3 \\ r_1 + r_2 + r_3 \end{pmatrix}$$

なので

$$\begin{pmatrix} r_1 + 3r_2 - r_3 \\ 2r_1 - r_3 \\ r_1 + r_2 + r_3 \end{pmatrix} = \begin{pmatrix} 0 \\ 0 \\ 0 \end{pmatrix}$$

となり，これを解くと

$$\begin{pmatrix} r_1 \\ r_2 \\ r_3 \end{pmatrix} = \begin{pmatrix} 0 \\ 0 \\ 0 \end{pmatrix}$$

となる．つまり $\boldsymbol{v}_1$, $\boldsymbol{v}_2$, $\boldsymbol{v}_3$ は一次独立であることがわかる．

しかし $\boldsymbol{v}_1 + \boldsymbol{v}_2 - \boldsymbol{v}_4 = \boldsymbol{0}_{\mathbb{R}^3}$ となり，$(r_1, r_2, r_4) = (1, 1, -1)$ とおくと $r_1\boldsymbol{v}_1 + r_2\boldsymbol{v}_2 + r_4\boldsymbol{v}_4 = \boldsymbol{0}_{\mathbb{R}^3}$ となるので $\boldsymbol{v}_1$, $\boldsymbol{v}_2$, $\boldsymbol{v}_4$ は一次独立でない，つまり一次従属である．

命題 4.3

A を実数を成分に持つ n 次正方行列とする．このとき次は同値である．

(1) A は正則行列である．

(2) A の各列は一次独立である．

[証明] n 次正方行列 A を列ベクトル $\boldsymbol{a}_1, \cdots, \boldsymbol{a}_n$ を用いて $A = \begin{pmatrix} \boldsymbol{a}_1 & \cdots & \boldsymbol{a}_n \end{pmatrix}$ と書く．さて，n 個の実数 $r_1, \ldots, r_n$ が $r_1\boldsymbol{a}_1 + \cdots + r_n\boldsymbol{a}_n = \boldsymbol{0}_{\mathbb{R}^n}$ をみたすとする．このとき，A を用いてこの式を書き直すと

$$A \begin{pmatrix} r_1 \\ \vdots \\ r_n \end{pmatrix} = \boldsymbol{0}_{\mathbb{R}^n}$$

がいえる．

(1) $\Longrightarrow$ (2) について

A が正則行列であると仮定して，$\{\boldsymbol{a}_1, \cdots, \boldsymbol{a}_n\}$ が一次独立であることを示す．A が正則行列であるので A は逆行列 A^{-1} をもち，この式の両辺に左から A^{-1} をかけると

$$\mathbf{0}_{\mathbb{R}^n} = A^{-1}\mathbf{0}_{\mathbb{R}^n} = A^{-1}A\begin{pmatrix} r_1 \\ \vdots \\ r_n \end{pmatrix} = \begin{pmatrix} r_1 \\ \vdots \\ r_n \end{pmatrix}$$

がいえる．よって $\{\boldsymbol{a}_1, \cdots, \boldsymbol{a}_n\}$ が一次独立であることがいえる．

(2) $\Longrightarrow$ (1) について

対偶を示す．つまり A が正則行列でないと仮定して $\{\boldsymbol{a}_1, \cdots, \boldsymbol{a}_n\}$ が一次従属であることを示す．[5, 定理 4.22]（付録参照）より A が正則行列でないなら A の階数が $n-1$ 以下となる．このとき [5, 定理 6.2]（付録参照）より $A\begin{pmatrix} r_1 \\ \vdots \\ r_n \end{pmatrix} = \mathbf{0}_{\mathbb{R}^n}$ となる $\begin{pmatrix} r_1 \\ \vdots \\ r_n \end{pmatrix}$ で $\begin{pmatrix} 0 \\ \vdots \\ 0 \end{pmatrix}$ でないものが存在する．したがって，$\{\boldsymbol{a}_1, \cdots, \boldsymbol{a}_n\}$ は一次従属である．　□

問題 4.4

(1) $\mathbb{R}^3$ の 3 つの元 $\boldsymbol{v}_1$, $\boldsymbol{v}_2$, $\boldsymbol{v}_3$ を

$$\boldsymbol{v}_1 = \begin{pmatrix} -2 \\ -3 \\ 1 \end{pmatrix}, \quad \boldsymbol{v}_2 = \begin{pmatrix} -1 \\ 2 \\ 1 \end{pmatrix}, \quad \boldsymbol{v}_3 = \begin{pmatrix} -7 \\ -21 \\ x \end{pmatrix}$$

とする．$\boldsymbol{v}_1$, $\boldsymbol{v}_2$, $\boldsymbol{v}_3$ が一次従属であるときの x の値を求めよ．

(2) $\mathbb{R}$ 上のベクトル空間 V の元 $\boldsymbol{u}_1, \ldots, \boldsymbol{u}_k$ が一次独立ならば，

$\{\boldsymbol{u}_1, \ldots, \boldsymbol{u}_k\}$ の任意の空でない真部分集合 U からなる元も一次独立となることを示せ.

ところで次の補題は以下の議論でよく使われる便利な結果である.

補題 4.5

V を $\mathbb{R}$ 上のベクトル空間, W を V の部分ベクトル空間とし, さらに次の (1), (2) を仮定する.

(1) $V \neq W$.

(2) W の元 $\boldsymbol{w}_1, \boldsymbol{w}_2, \ldots, \boldsymbol{w}_n$ は一次独立である.

このとき W に含まれない V の元 $\boldsymbol{x}$ を任意にとると, $\boldsymbol{w}_1, \boldsymbol{w}_2, \ldots, \boldsymbol{w}_n, \boldsymbol{x}$ は一次独立となる.

[証明]　示すべき目標は以下のものである.

(目標)　$r_1\boldsymbol{w}_1 + r_2\boldsymbol{w}_2 + \cdots + r_n\boldsymbol{w}_n + s\boldsymbol{x} = \boldsymbol{0}_V$ とする (ここで $r_1, r_2, \ldots, r_n, s$ は実数とする). このとき $r_1 = 0, r_2 = 0, \ldots, r_n = 0, s = 0$ となることを示す.

もし $s \neq 0$ とすると

$$\boldsymbol{x} = -\frac{r_1}{s}\boldsymbol{w}_1 - \cdots - \frac{r_n}{s}\boldsymbol{w}_n$$

と書ける. ところが $\boldsymbol{w}_1, \ldots, \boldsymbol{w}_n$ は W の元であり, W は $\mathbb{R}$ 上のベクトル空間よりこの式の右辺は W の元となるので $\boldsymbol{x} \in W$ となるが, 仮定「$\boldsymbol{x} \notin W$」に矛盾する.

したがって $s = 0$ である. このとき $r_1\boldsymbol{w}_1 + r_2\boldsymbol{w}_2 + \cdots + r_n\boldsymbol{w}_n = \boldsymbol{0}_V$ となるが, $\boldsymbol{w}_1, \boldsymbol{w}_2, \ldots, \boldsymbol{w}_n$ は一次独立より $r_1 = \cdots = r_n = 0$ となり目標が示される. □

4.2 基底

この節ではベクトル空間における重要な概念の1つである「基底」について考える.

定義 4.6

V を $\mathbb{R}$ 上のベクトル空間とする. V の元 $\boldsymbol{v}_1, \ldots, \boldsymbol{v}_n$ が次の条件 (1) と (2) をみたすとき, $\{\boldsymbol{v}_1, \ldots, \boldsymbol{v}_n\}$ を $\boldsymbol{V}$ **の基底 (basis)** と呼ぶ.

(1) V の元 $\boldsymbol{v}_1, \ldots, \boldsymbol{v}_n$ が一次独立である.

(2) V が $\boldsymbol{v}_1, \ldots, \boldsymbol{v}_n$ で生成される, つまり $V = \langle \boldsymbol{v}_1, \ldots, \boldsymbol{v}_n \rangle$ が成り立つ.

まず数ベクトル空間 $\mathbb{R}^n$ の場合を考える.

命題 4.7

V を n 次元数ベクトル空間 $\mathbb{R}^n$, $\boldsymbol{e}_i$ を第 i 単位ベクトル, つまり $\boldsymbol{e}_i$ は行数が n の列ベクトルで, 第 i 行が 1, 他の行は 0 であるもの[1]とする. このとき $\{\boldsymbol{e}_1, \ldots, \boldsymbol{e}_n\}$ は V の基底となる.

[証明]　$\{\boldsymbol{e}_1, \boldsymbol{e}_2, \cdots, \boldsymbol{e}_n\}$ が V の基底になることを示すためには次の2つを示せばよい.

(1) $\boldsymbol{e}_1, \boldsymbol{e}_2, \cdots, \boldsymbol{e}_n$ は一次独立であること.

(2) $V = \langle \boldsymbol{e}_1, \boldsymbol{e}_2, \cdots, \boldsymbol{e}_n \rangle$ となること.

1)　[5, 定義 1.8] を見よ.

(1) について

n 個の実数 $m_1, \ldots, m_n$ が

$$m_1\boldsymbol{e}_1 + \cdots + m_n\boldsymbol{e}_n = \mathbf{0}_V$$

をみたすならば $m_1 = \cdots = m_n = 0$ を示せばよい．すると

$$\begin{pmatrix} m_1 \\ \vdots \\ m_n \end{pmatrix} = m_1\boldsymbol{e}_1 + \cdots + m_n\boldsymbol{e}_n = \mathbf{0}_V = \begin{pmatrix} 0 \\ \vdots \\ 0 \end{pmatrix}$$

より $m_1 = \cdots = m_n = 0$ となることがいえた．

(2) について

$V \supset \langle \boldsymbol{e}_1, \boldsymbol{e}_2, \cdots, \boldsymbol{e}_n \rangle$ は自明であるので，$V \subset \langle \boldsymbol{e}_1, \boldsymbol{e}_2, \cdots, \boldsymbol{e}_n \rangle$ を示せばよい．V の任意の元

$\boldsymbol{v} = \begin{pmatrix} x_1 \\ \vdots \\ x_n \end{pmatrix}$ をとってくる．このとき $\boldsymbol{v} = \begin{pmatrix} x_1 \\ \vdots \\ x_n \end{pmatrix} = x_1\boldsymbol{e}_1 + \cdots + x_n\boldsymbol{e}_n$ となるので $\boldsymbol{v} \in \langle \boldsymbol{e}_1, \boldsymbol{e}_2, \ldots, \boldsymbol{e}_n \rangle$ がいえ，(2) が示された． □

定義 4.8

n 次元数ベクトル空間 $\mathbb{R}^n$ の基底 $\{\boldsymbol{e}_1, \ldots, \boldsymbol{e}_n\}$ を $\boldsymbol{n}$ **次元数ベクトル空間の標準基底 (standard basis)** と呼ぶ.

定理 4.9

V を有限次元ベクトル空間，$\mathcal{V} = \{\boldsymbol{v}_1, \ldots, \boldsymbol{v}_n\}$ を V の基底とする．このとき V の任意の元を基底 $\mathcal{V}$ を用いて表す時の表し方は，ただ一通りである．

[証明] V の任意の元を $\boldsymbol{v}$ とする．示すべき目標は次のものである．

> （目標）　$\boldsymbol{v}$ が次の2通りの表し方で表せるとする．
>
> $$\boldsymbol{v}=\sum_{j=1}^{n}a_j\boldsymbol{v}_j,\quad \boldsymbol{v}=\sum_{j=1}^{n}b_j\boldsymbol{v}_j$$
>
> このとき，$1\leqq j\leqq n$ なる任意の整数 j に対して $a_j=b_j$ が成り立つ．

仮定より $\sum_{j=1}^{n}a_j\boldsymbol{v}_j=\boldsymbol{v}=\sum_{j=1}^{n}b_j\boldsymbol{v}_j$ なので右辺を左辺に移項して $\sum_{j=1}^{n}(a_j-b_j)\boldsymbol{v}_j=\boldsymbol{0}_V$ を得る．ところで $\{\boldsymbol{v}_1,\ldots,\boldsymbol{v}_n\}$ は V の基底なので $\boldsymbol{v}_1,\ldots,\boldsymbol{v}_n$ は一次独立である．したがって一次独立の定義より $1\leqq j\leqq n$ なる任意の整数 j に対して $a_j-b_j=0$ となる．以上より目標がいえた．□

4.3　次元

次にベクトル空間の大きさをあらわす「次元」を定義する．

定義 4.10

V を $\mathbb{R}$ 上のベクトル空間とする．

(a) $V\neq\{\boldsymbol{0}_V\}$ のとき．

(a.1) 一次独立となる V の元の個数に最大値があるとき，
V は有限次元である (finite dimensional) といい，
その最大値を **V の次元 (dimension)** と呼ぶ．

(a.2) 一次独立となる V の元の個数に最大値がないとき，
V は無限次元である (infinite dimensional) という．

(b) $V = \{\mathbf{0}_V\}$ のとき，V の次元を 0 と定義する．

（記号） $\mathbb{R}$ 上のベクトル空間 V の次元を $\dim V$ で表す．

以降この本では有限次元ベクトル空間について扱う． ここで次の定理を紹介しよう．

定理 4.11

V を $\mathbb{R}$ 上のベクトル空間，n を自然数とする．このとき，次の同値がいえる．

$$\dim V = n \iff V \text{ のある } n \text{ 個の元からなる基底が存在する}$$

[証明] （$\Longrightarrow$ の証明）

仮定「$\dim V = n$」より，V のある n 個の元 $\boldsymbol{v}_1, \ldots, \boldsymbol{v}_n$ で一次独立となるものが存在する．実は，この $\{\boldsymbol{v}_1, \ldots, \boldsymbol{v}_n\}$ が V の基底となることを示す．すなわち，次を示す[2)]．

$$\text{（目標）} \quad \boldsymbol{V} = \langle \boldsymbol{v_1}, \ldots, \boldsymbol{v_n} \rangle$$

これを示すために背理法を用いる．つまり $\boldsymbol{V} \neq \langle \boldsymbol{v_1}, \ldots, \boldsymbol{v_n} \rangle$ として矛盾を出す．

仮定により次の性質をみたす元 $\boldsymbol{x}$ が存在する[3)]．

$$\boldsymbol{x} \in V, \quad \boldsymbol{x} \notin \langle \boldsymbol{v}_1, \ldots, \boldsymbol{v}_n \rangle$$

このとき補題 4.5 より $\boldsymbol{v}_1, \ldots, \boldsymbol{v}_n, \boldsymbol{x}$ は一次独立となる．しかし一次独立な元が $n+1$ 個となり，$\dim V = n$ という仮定に矛盾する．以上より $\Longrightarrow$ が示された．

2) 基底の定義（定義 4.6）を見よ．
3) $V \supset \langle \boldsymbol{v}_1, \ldots, \boldsymbol{v}_n \rangle$ は $\langle \boldsymbol{v}_1, \ldots, \boldsymbol{v}_n \rangle$ の定義よりいえる．

（$\Longleftarrow$ の証明）

V の n 個の元の組 $\{\boldsymbol{v}_1, \ldots, \boldsymbol{v}_n\}$ が V の基底とする．このとき，$\boldsymbol{v}_1, \ldots, \boldsymbol{v}_n$ は一次独立より $\dim V \geqq n$ であることがいえるので，V の $n+1$ 個の任意の元 $\boldsymbol{w}_1, \ldots, \boldsymbol{w}_n, \boldsymbol{w}_{n+1}$ は一次従属となることを証明することができれば，$\dim V = n$ が示される．したがって次を示すことが目標になる．

（目標）V の $n+1$ 個の任意の元 $\boldsymbol{w}_1, \ldots, \boldsymbol{w}_n, \boldsymbol{w}_{n+1}$ は一次従属となること．

$\{\boldsymbol{v}_1, \ldots, \boldsymbol{v}_n\}$ は V の基底より，$V = \langle \boldsymbol{v}_1, \ldots, \boldsymbol{v}_n \rangle$ が成り立つので，これを用いることにより，$1 \leqq j \leqq n+1$ なる任意の j に対して

$$\boldsymbol{w}_j = \sum_{i=1}^{n} a_{ij} \boldsymbol{v}_i$$

なる実数 $\{a_{ij}\}$ が存在する．このとき，$(r_1, \ldots, r_{n+1}) \neq (0, \ldots, 0)$ なる実数 $r_1, \ldots, r_{n+1}$ をうまくとることで

$$r_1 \boldsymbol{w}_1 + \cdots + r_{n+1} \boldsymbol{w}_{n+1} = \boldsymbol{0}_V \tag{4.1}$$

となることを示す．ここで次の式が成り立つことに注意する．

$$\begin{aligned} r_1 \boldsymbol{w}_1 + \cdots + r_{n+1} \boldsymbol{w}_{n+1} &= \sum_{j=1}^{n+1} \left(r_j \sum_{i=1}^{n} a_{ij} \boldsymbol{v}_i \right) \\ &= \sum_{i=1}^{n} \left(\sum_{j=1}^{n+1} r_j a_{ij} \right) \boldsymbol{v}_i \end{aligned}$$

もし各 i に対し $\displaystyle\sum_{j=1}^{n+1} r_j a_{ij} = 0$ が成り立つとする．これは

$A = \begin{pmatrix} a_{11} & \cdots & a_{1,n+1} \\ \vdots & \ddots & \vdots \\ a_{n,1} & \cdots & a_{n,n+1} \end{pmatrix}$ とおくとき $A \begin{pmatrix} r_1 \\ \vdots \\ r_{n+1} \end{pmatrix} = \begin{pmatrix} 0 \\ \vdots \\ 0 \end{pmatrix}$ が成り立つことである．すると A は $n \times (n+1)$-行列より $\mathrm{rank}A \leq n$. 特に $\mathrm{rank}A \neq n+1$ なので [5, 定理 6.2 と注意 6.6]（付録参照）より $(r_1, \ldots, r_{n+1})$ は無数の解を必ずもつ．とくに，$(r_1, \ldots, r_{n+1}) \neq (0, \cdots, 0)$ となる解がある．ところで各 i に対して $\sum_{j=1}^{n+1} r_j a_{ij} = 0$ が成り立つならば式 (4.1) をみたす．したがって $\boldsymbol{w}_1, \ldots, \boldsymbol{w}_n, \boldsymbol{w}_{n+1}$ は一次従属となることが示された．

以上より $\dim V = n$ となることがいえた． □

この定理と V の次元の定義を考えると「**有限次元ベクトル空間の基底の数は基底の取り方によらず一定であり，その値は dim V である**」ことがわかる．

命題 4.12

次数が n 以下の多項式全体からなる集合 $P(n, \mathbb{R})$ の $\mathbb{R}$ 上のベクトル空間としての次元は $n+1$ である．

[証明] $P(n, \mathbb{R})$ の $n+1$ 個の元の組

$$\{1, X, \ldots, X^n\} \tag{4.2}$$

が基底となることを示す．そのためには次を示せばよい．

(a) 集合 (4.2) は一次独立であること．
(b) $P(n, \mathbb{R})$ の任意の元は集合 (4.2) の元を用いて表されること．

(a) について

一次独立の定義から，次を示すことが目標である．

（目標）　$a_0 + a_1X + \cdots + a_nX^n = 0_{P(n,\mathbb{R})}$ ならば，
$a_0 = 0, a_1 = 0, \ldots, a_n = 0$ となる．

$a_0 + a_1X + \cdots + a_nX^n = 0_{P(n,\mathbb{R})}$ なる実数 $a_0, a_1, \ldots, a_n$ が与えられると，$P(n, \mathbb{R})$ の零元 $0_{P(n,\mathbb{R})}$ は $\sum_{i=0}^{n} 0X^i$ より，$a_0 = 0, a_1 = 0, \ldots, a_n = 0$ でなくてはならない．したがって，$1, X, \ldots, X^n$ は一次独立である．

(b) について

$P(n, \mathbb{R})$ の任意の元は，ある実数 $a_0, a_1, \ldots, a_n$ を用いて $a_0 + a_1X + \cdots + a_nX^n$ と表すことができる．したがって $P(n, \mathbb{R})$ の任意の元は集合 (4.2) の元を用いて表される．

以上より集合 (4.2) が $P(n, \mathbb{R})$ の基底となる．この基底を構成する元の数は $n+1$ 個なので[4] $\dim P(n, \mathbb{R}) = n + 1$ である．　□

上記の証明を見ると次のこともわかる．

系 4.13

ベクトル空間 $P(n, \mathbb{R})$ の基底として $\{1, X, \ldots, X^n\}$ をとることができる．

有限次元ベクトル空間 V が与えられたとき，一般に基底のとり方は何通りも存在する．

例 4.14　系 4.13 より $\{1, X, X^2\}$ は $P(2, \mathbb{R})$ の基底となるが，$\{1, 1+X, 1+X+X^2\}$ も $P(2, \mathbb{R})$ の基底となる．

4)　n 個ではないことに注意せよ．

[証明] 基底となることを示すためには次の 2 つを示せばよい.

(a) $1, 1+X, 1+X+X^2$ が一次独立となること.
(b) $P(2,\mathbb{R})$ の任意の元が $\{1, 1+X, 1+X+X^2\}$ の元を用いて表せること.

(a) について

一次独立の定義を考えると，実数 a, b, c が

$$a \cdot 1 + b(1+X) + c(1+X+X^2) = 0_{P(2,\mathbb{R})}$$

をみたすとき，$a=0, b=0, c=0$ を示せばよい．そこで上記の式を変形すると $(a+b+c)+(b+c)X+cX^2 = 0_{P(2,\mathbb{R})}$ となるので

$$a+b+c=0, \qquad b+c=0, \qquad c=0$$

がいえる．これから $a=0, b=0, c=0$ となり，一次独立が示せる.

(b) について

$P(2,\mathbb{R})$ の任意の元 $\boldsymbol{v}$ をとると，ある実数 a_0, a_1, a_2 を使って $\boldsymbol{v} = a_0 + a_1X + a_2X^2$ と書ける．これを変形すると

$$\boldsymbol{v} = (a_0 - a_1) + (a_1 - a_2)(1+X) + a_2(1+X+X^2)$$

と表せるので (b) も示されたことになる. □

注意 4.15 一般に V を n 次元ベクトル空間，$\{\boldsymbol{v}_1, \boldsymbol{v}_2, \ldots, \boldsymbol{v}_n\}$ を V の基底とすると，$\{\boldsymbol{v}_1, \boldsymbol{v}_1+\boldsymbol{v}_2, \ldots, \boldsymbol{v}_1+\boldsymbol{v}_2+\cdots+\boldsymbol{v}_n\}$ も V の基底になることがいえる．証明は上記と同じであるので各自確かめてみること.

命題 4.16

$\mathbb{R}$ 上のベクトル空間 $M(n,\mathbb{R})$[5] の次元は n^2 である．

[証明]　n 次正方行列 E_{ij} を (i,j) 成分のみが 1 で，あとは 0 であるような行列とする．このとき

$$\mathcal{B}_n = \{E_{11},\ldots,E_{1n},E_{21},\ldots,E_{2n},\ldots,E_{n1},\ldots,E_{nn}\}$$

とおく．すると $\mathcal{B}_n$ の元の数は n^2 個である[6]．ここで $\boldsymbol{\mathcal{B}_n}$ が，$\boldsymbol{M(n,\mathbb{R})}$ の基底となることを示す．そのためには次を示せばよい．

(1) $\mathcal{B}_n$ の元は一次独立であること．
(2) $M(n,\mathbb{R})$ の任意の元は $\mathcal{B}_n$ の元を用いて表されること．

(1) について

一次独立の定義から，次を示すことが目標である．

（目標）　$a_{11}E_{11}+\cdots+a_{1n}E_{1n}+a_{21}E_{21}+\cdots+a_{2n}E_{2n}$
$+\cdots+a_{n1}E_{n1}+\cdots+a_{nn}E_{nn}=O_{n,n}$ ならば
$a_{11}=0,\ldots,a_{1n}=0,a_{21}=0,\ldots,a_{2n}=0,\ldots,$
$a_{n1}=0,\ldots,a_{nn}=0$ となる．

$$a_{11}E_{11}+\cdots+a_{nn}E_{nn}=\begin{pmatrix} a_{11} & \cdots & a_{1n} \\ \vdots & \ddots & \vdots \\ a_{n1} & \cdots & a_{nn} \end{pmatrix}$$

となることを考えると，仮定から左辺が n 次零行列 $O_{n,n}$ と等しいので目標を得る．したがって，$\mathcal{B}_n$ は一次独立である．

5)　2.2 節を参照．
6)　例えば $n=3$ のときは $\mathcal{B}_3=\{E_{11},E_{12},E_{13},E_{21},E_{22},E_{23},E_{31},E_{32},E_{33}\}$ であり $\mathcal{B}_3$ の元の数は $3^2=9$ 個である．

(2) について

$M(n,\mathbb{R})$ の任意の元 A は，ある実数 $a_{11},\dots,a_{nn}$ を用いて

$$A = \begin{pmatrix} a_{11} & \cdots & a_{1n} \\ \vdots & \ddots & \vdots \\ a_{n1} & \cdots & a_{nn} \end{pmatrix}$$

と表すことができる．すると

$$A = a_{11}E_{11} + \cdots + a_{1n}E_{1n} + a_{21}E_{21} + \cdots + a_{2n}E_{2n}$$
$$+ \cdots + a_{n1}E_{n1} + \cdots + a_{nn}E_{nn}$$

と書けるので，$M(n,\mathbb{R})$ の任意の元は $\mathcal{B}_n$ の元を用いて表される．

以上より，$\mathcal{B}_n$ は $M(n,\mathbb{R})$ の基底となることがわかった．$\mathcal{B}_n$ の元の数は n^2 なので $\dim M(n,\mathbb{R}) = n^2$ である． □

ベクトル空間とその部分ベクトル空間の基底と次元について

$\mathbb{R}$ 上の有限次元ベクトル空間 V とその部分ベクトル空間 W の次元のもつ性質について考察する．

定理 4.17

V を $\mathbb{R}$ 上定義された有限次元ベクトル空間，W を V の部分ベクトル空間とする．このとき次がいえる．

(1) $\dim V \geqq \dim W$ が成立する．

(2) もし $\dim V = \dim W$ ならば $V = W$ である．

(3) $\dim V = n > p = \dim W$ とする．また，p 個の W の元の組 $\{\boldsymbol{w}_1,\dots,\boldsymbol{w}_p\}$ を W の基底とする．このとき，V の $n-p$ 個の元 $\boldsymbol{u}_1,\dots,\boldsymbol{u}_{n-p}$ をうまく取ると $\{\boldsymbol{w}_1,\dots,\boldsymbol{w}_p, \boldsymbol{u}_1,\dots,\boldsymbol{u}_{n-p}\}$ が V の基底となるようにできる．

[証明]　(1) W の一次独立な元は，V の一次独立な元とも思える．よって V が有限次元であるという仮定より W の一次独立な元の数は有限であることがわかる．また $\{\boldsymbol{w}_1, \ldots, \boldsymbol{w}_l\}$ を W の基底とするとこれは V の一次独立な元と思えるので次元の定義を考えると $\dim W = l \leqq \dim V$ がいえる．よって (1) が示された．

(2)（証明の方針）**$V \neq W$ として矛盾を出す．**

$V \neq W$ とする．すると仮定から $V \supset W$ なので，V のある元 $\boldsymbol{x}$ で $\boldsymbol{x} \notin W$ なるものが存在する．ここで $\dim V = \dim W = n$ とし，さらに $\{\boldsymbol{w}_1, \boldsymbol{w}_2, \ldots, \boldsymbol{w}_n\}$ を W の基底とする．すると補題 4.5 より $\boldsymbol{w}_1, \boldsymbol{w}_2, \ldots, \boldsymbol{w}_n, \boldsymbol{x}$ は一次独立となるので $\dim V \geq n + 1 > n$ となるが，仮定「$\dim V = n$」に反する．

よって $V \neq W$ として矛盾が出たので $V = W$ が示された．

(3) $q = n - p$ とおく．次の (i) から (vi) の順に議論を進める．

(i) $\dim V > \dim W$ より $V \neq W$ である．このとき $\boldsymbol{u}_1 \in V$ かつ $\boldsymbol{u}_1 \notin W$ なる元 $\boldsymbol{u}_1$ をとることができる．すると補題 4.5 より $\boldsymbol{w}_1, \ldots, \boldsymbol{w}_p, \boldsymbol{u}_1$ は一次独立となる．

(ii) $V_1 = \langle \boldsymbol{w}_1, \ldots, \boldsymbol{w}_p, \boldsymbol{u}_1 \rangle$ とおく．もし $n = p + 1$ なら上の (2) より $V = V_1$ となり，ここでおわる．

(iii) もし $n > p + 1$ なら $V \neq V_1$ となり，$\boldsymbol{u}_2 \in V$ かつ $\boldsymbol{u}_2 \notin V_1$ なる元 $\boldsymbol{u}_2$ を 1 つとる．すると上の (i) と同様にして $\boldsymbol{w}_1, \ldots, \boldsymbol{w}_p, \boldsymbol{u}_1, \boldsymbol{u}_2$ は一次独立となることが示される．

(iv) $V_2 = \langle \boldsymbol{w}_1, \ldots, \boldsymbol{w}_p, \boldsymbol{u}_1, \boldsymbol{u}_2 \rangle$ とおく．もし $n = p + 2$ なら上の (2) より $V = V_2$ となり，ここでおわる．

(v) もし $n > p + 2$ なら $V \neq V_2$ となり，(i) の操作を繰り返す．

(vi) $\dim V = n$ なので，このような操作は $n - p$ 回で終わることがわかる．

以上により V のある元 $\boldsymbol{u}_1, \ldots, \boldsymbol{u}_{n-p}$ で $\boldsymbol{w}_1, \ldots, \boldsymbol{w}_p, \boldsymbol{u}_1, \ldots, \boldsymbol{u}_{n-p}$ は一次独立であり，かつ $V = \langle \boldsymbol{w}_1, \ldots, \boldsymbol{w}_p, \boldsymbol{u}_1, \ldots, \boldsymbol{u}_{n-p} \rangle$ となるも

のが存在することがわかる． □

定理 4.17 を用いると例えば次を示すことが出来る．

定理 4.18

V を $\mathbb{R}$ 上のベクトル空間，W_1 と W_2 を V の有限次元部分ベクトル空間とする．このとき次が成り立つ．

$$\dim(W_1 + W_2) = \dim W_1 + \dim W_2 - \dim(W_1 \cap W_2)$$

[証明] W_1 と W_2 は有限次元より定理 4.17(1) から $W_1 \cap W_2$ も有限次元となる．

$$\{\boldsymbol{z}_1, \ldots, \boldsymbol{z}_t\} \text{ を } W_1 \cap W_2 \text{ の基底} \tag{4.3}$$

とすると，定理 4.17 より W_1 のある元の組 $\{\boldsymbol{x}_1, \ldots, \boldsymbol{x}_r\}$ と W_2 のある元の組 $\{\boldsymbol{y}_1, \ldots, \boldsymbol{y}_s\}$ で

$$\{\boldsymbol{x}_1, \ldots, \boldsymbol{x}_r, \boldsymbol{z}_1, \ldots, \boldsymbol{z}_t\} \text{ が } W_1 \text{ の基底} \tag{4.4}$$

$$\{\boldsymbol{y}_1, \ldots, \boldsymbol{y}_s, \boldsymbol{z}_1, \ldots, \boldsymbol{z}_t\} \text{ が } W_2 \text{ の基底} \tag{4.5}$$

となるものが存在する．これより

$$\dim W_1 = r + t, \quad \dim W_2 = s + t, \quad \dim W_1 \cap W_2 = t \tag{4.6}$$

となることに注意する．このとき次を示す．

(1) $W_1 + W_2 = \langle \boldsymbol{x}_1, \ldots, \boldsymbol{x}_r, \boldsymbol{y}_1, \ldots, \boldsymbol{y}_s, \boldsymbol{z}_1, \ldots, \boldsymbol{z}_t \rangle$.
(2) $\boldsymbol{x}_1, \ldots, \boldsymbol{x}_r, \boldsymbol{y}_1, \ldots, \boldsymbol{y}_s, \boldsymbol{z}_1, \ldots, \boldsymbol{z}_t$ は一次独立である．

(1) について

$U = \langle \boldsymbol{x}_1, \ldots, \boldsymbol{x}_r, \boldsymbol{y}_1, \ldots, \boldsymbol{y}_s, \boldsymbol{z}_1, \ldots, \boldsymbol{z}_t \rangle$ とおくと次を示すことが目標である．

（目標）（1.1）$W_1 + W_2 \supset U$.（1.2）$W_1 + W_2 \subset U$.

(1.1) について

U の任意の元 $\boldsymbol{u}$ は実数 a_i, b_j, c_k を用いて $\sum_{i=1}^{r} a_i \boldsymbol{x}_i + \sum_{j=1}^{s} b_j \boldsymbol{y}_j + \sum_{k=1}^{t} c_k \boldsymbol{z}_k$ と書ける．すると (4.5) より，$\sum_{j=1}^{s} b_j \boldsymbol{y}_j + \sum_{k=1}^{t} c_k \boldsymbol{z}_k \in W_2$ である．また $\sum_{i=1}^{r} a_i \boldsymbol{x}_i \in W_1$ なので

$$\boldsymbol{u} = \sum_{i=1}^{r} a_i \boldsymbol{x}_i + \sum_{j=1}^{s} b_j \boldsymbol{y}_j + \sum_{k=1}^{t} c_k \boldsymbol{z}_k \in W_1 + W_2$$

となる．よって (1.1) が示された．

(1.2) について

$W_1 + W_2$ の任意の元 $\boldsymbol{w}$ はある $\boldsymbol{w}_1 \in W_1$ とある $\boldsymbol{w}_2 \in W_2$ を用いて $\boldsymbol{w} = \boldsymbol{w}_1 + \boldsymbol{w}_2$ と書ける．また (4.4) と (4.5) より $\boldsymbol{w}_1$ と $\boldsymbol{w}_2$ は，実数 a_i, b_j, c_k, d_j を用いて，それぞれ次のように表すことができる．

$$\boldsymbol{w}_1 = \sum_{i=1}^{r} a_i \boldsymbol{x}_i + \sum_{j=1}^{t} b_j \boldsymbol{z}_j, \quad \boldsymbol{w}_2 = \sum_{k=1}^{s} c_k \boldsymbol{y}_k + \sum_{j=1}^{t} d_j \boldsymbol{z}_j$$

よって

$$\boldsymbol{w} = \boldsymbol{w}_1 + \boldsymbol{w}_2 = \sum_{i=1}^{r} a_i \boldsymbol{x}_i + \sum_{k=1}^{s} c_k \boldsymbol{y}_k + \sum_{j=1}^{t} (b_j + d_j) \boldsymbol{z}_j \in U$$

となり (1.2) が示された．

(2) について

一次独立の定義より次を示せばよい．

（目標）　$\sum_{i=1}^{r} \alpha_i \boldsymbol{x}_i + \sum_{k=1}^{s} \beta_k \boldsymbol{y}_k + \sum_{j=1}^{t} \gamma_j \boldsymbol{z}_j = \boldsymbol{0}_V$　ならば，

$$\alpha_1 = \cdots = \alpha_r = 0, \beta_1 = \cdots = \beta_s = 0, \gamma_1 = \cdots = \gamma_t = 0.$$

この式を変形すると

$$-\sum_{i=1}^{r}\alpha_i\boldsymbol{x}_i-\sum_{j=1}^{t}\gamma_j\boldsymbol{z}_j=\sum_{k=1}^{s}\beta_k\boldsymbol{y}_k \tag{4.7}$$

となる．ここで (4.4) よりこの式の左辺は W_1 の元であり，(4.5) より右辺は W_2 の元であるので式 (4.7) の両辺は $W_1\cap W_2$ の元である．したがって特に式 (4.7) の右辺の元に注目すると (4.3) より

$$\sum_{k=1}^{s}\beta_k\boldsymbol{y}_k=\sum_{j=1}^{t}\delta_j\boldsymbol{z}_j$$

となる実数 $\delta_1,\ldots,\delta_t$ が存在する．したがって

$$\sum_{k=1}^{s}\beta_k\boldsymbol{y}_k+\sum_{j=1}^{t}(-\delta_j)\boldsymbol{z}_j=\boldsymbol{0}_V$$

がいえる．ところが (4.5) より

$$\beta_1=\cdots=\beta_s=0,\qquad \delta_1=\cdots=\delta_t=0 \tag{4.8}$$

がいえる．式 (4.8) と式 (4.7) より

$$\sum_{i=1}^{r}\alpha_i\boldsymbol{x}_i+\sum_{j=1}^{t}\gamma_j\boldsymbol{z}_j=\boldsymbol{0}_V \tag{4.9}$$

がいえる．さらに式 (4.9) と (4.4) より

$$\alpha_1=\cdots=\alpha_r=0,\quad \gamma_1=\cdots=\gamma_t=0 \tag{4.10}$$

がいえる．よって式 (4.8) と式 (4.10) より (2) の目標が示された．

以上より $\{\boldsymbol{x}_1,\ldots,\boldsymbol{x}_r,\boldsymbol{y}_1,\ldots,\boldsymbol{y}_s,\boldsymbol{z}_1,\ldots,\boldsymbol{z}_t\}$ は W_1+W_2 の基底であることが示されたので，定理 4.11 より $\dim(W_1+W_2)=r+s+t$ となることがわかった．したがって式 (4.6) より

$$\dim(W_1 + W_2) = r + s + t = (r + t) + (s + t) - t$$
$$= \dim W_1 + \dim W_2 - \dim(W_1 \cap W_2)$$

が示された. □

注意 4.19　W_1 と W_2 が $\mathbb{R}^n$ の部分ベクトル空間のときの $W_1 + W_2$ の次元の求め方については 5.4 節を見よ.

問題 4.20

$\mathbb{R}$ 上のベクトル空間 V の部分ベクトル空間として

$$W_1 = \langle \boldsymbol{u}_1, \ldots, \boldsymbol{u}_m \rangle, \quad W_2 = \langle \boldsymbol{v}_1, \ldots, \boldsymbol{v}_n \rangle$$

をとる. このとき

$$W_1 + W_2 = \langle \boldsymbol{u}_1, \ldots, \boldsymbol{u}_m, \boldsymbol{v}_1, \ldots, \boldsymbol{v}_n \rangle$$

となることを示せ.

4.4　部分集合で生成される部分ベクトル空間の基底について

V を $\mathbb{R}$ 上の有限次元ベクトル空間, S を V の空でない部分集合とする. このとき S で生成される V の部分ベクトル空間 $\langle S \rangle$ の基底について考えてみよう.

定理 4.21

V を $\mathbb{R}$ 上の有限次元ベクトル空間, S を V の空でない部分集合とする. このとき S の元からなる一次独立な元の組のうち極大なもの[7)]は S で生成される V の部分ベクトル空間 $\langle S\rangle$ の基底となる.

[証明]　$T=\{\boldsymbol{s}_1,\ldots,\boldsymbol{s}_l\}$ を S の元からなる一次独立な元の組のうち極大なものとする．このとき示すべき目標は次の式である．

$$\text{（目標）}\quad \langle S\rangle=\langle T\rangle$$

これを示すためには

$$\text{(a)}\ \langle S\rangle\supset\langle T\rangle\qquad \text{(b)}\ \langle S\rangle\subset\langle T\rangle$$

を示せばよい．

(a) について

$S\subset\langle S\rangle$ は $\langle S\rangle$ の定義（3.3 節）よりいえる．また集合 T の定義より $T\subset S$ なので

$$T\subset\langle S\rangle$$

がいえる．一方

$$\mathcal{C}=\{U: V \text{ の部分ベクトル空間} \mid T\subset U\}$$

とおき，定理 3.21 を使うと $\langle T\rangle=\bigcap_{U\in\mathcal{C}}U$ である．また，集合 $\mathcal{C}$ の定義より $\langle S\rangle\in\mathcal{C}$ である（なぜならば $\langle S\rangle$ は V の部分ベクトル空間で，さらに $T\subset\langle S\rangle$ だからである）．よって $\bigcap_{U\in\mathcal{C}}U\subset\langle S\rangle$ がいえる．以上より $\langle T\rangle=\bigcap_{U\in\mathcal{C}}U\subset\langle S\rangle$ がいえる．これで (a) が示された．

(b) について

次を示すことが目標である．

---

7)　S の元からなる一次独立な元の組 U が $T\subset U$ をみたすならば $T=U$ となるような T のこと．

（目標）$\langle S\rangle \not\subset \langle T\rangle$ として矛盾を出す

$\langle S\rangle \not\subset \langle T\rangle$ と仮定する．もし $S \subset \langle T\rangle$ なら定理 3.21 より $\langle S\rangle \subset \langle T\rangle$ となり，仮定に反する．よって $S \not\subset \langle T\rangle$ である．このとき $\boldsymbol{u} \in S$ で $\boldsymbol{u} \notin \langle T\rangle$ なる元 $\boldsymbol{u}$ がある．すると集合 T のとり方[8] より，$\boldsymbol{s}_1, \boldsymbol{s}_2, \ldots, \boldsymbol{s}_l, \boldsymbol{u}$ は一次独立ではない．よって，ある実数 $a_1, \ldots, a_l, b \in \mathbb{R}$ で

$$(a_1, a_2, \ldots, a_l, b) \neq (0, 0, \ldots, 0, 0) \tag{4.11}$$

かつ

$$a_1\boldsymbol{s}_1 + a_2\boldsymbol{s}_2 + \cdots + a_l\boldsymbol{s}_l + b\boldsymbol{u} = \boldsymbol{0}_V \tag{4.12}$$

をみたすものが存在する．

もし $b = 0$ なら $a_1\boldsymbol{s}_1 + a_2\boldsymbol{s}_2 + \cdots + a_l\boldsymbol{s}_l = \boldsymbol{0}_V$ となるが，$\boldsymbol{s}_1, \boldsymbol{s}_2, \ldots, \boldsymbol{s}_l$ は一次独立なので $a_1 = a_2 = \cdots = a_l = 0$ となり式 (4.11) に矛盾する．よって $b \neq 0$ である．このとき式 (4.12) より

$$\boldsymbol{u} = -\frac{a_1}{b}\boldsymbol{s}_1 - \frac{a_2}{b}\boldsymbol{s}_2 - \cdots - \frac{a_l}{b}\boldsymbol{s}_l$$

と書ける．すると T のとり方と $\langle T\rangle$ の定義[9] よりこの等式の右辺は $\langle T\rangle$ の元となるので $\boldsymbol{u} \in \langle T\rangle$ がいえる．しかしこれは $\boldsymbol{u}$ のとり方に矛盾する．以上より (b) が示された． □

問題 4.22

V を $\mathbb{R}$ 上のベクトル空間，$\boldsymbol{v}$ を V の零元 $\boldsymbol{0}_V$ でない V の元とする．このとき $\{\boldsymbol{v}\}$ は $\langle \boldsymbol{v}\rangle$ の基底となることを示せ．

8）T は S の一次独立な元のうち極大なものとしている．

9）3.3 節を見よ．

4.5 ベクトル空間の直和の次元について

ここでは $\mathbb{R}$ 上の有限次元ベクトル空間 V と W の直和 $V \oplus W$ の次元について考える．

定理 4.23

V, W を $\mathbb{R}$ 上の有限次元ベクトル空間とし，$\dim V = m$, $\dim W = n$ とする．$\{\boldsymbol{v}_1, \ldots, \boldsymbol{v}_m\}$ を V の基底，そして $\{\boldsymbol{w}_1, \ldots, \boldsymbol{w}_n\}$ を W の基底とする．このとき

$$(\heartsuit)\ \ \{\boldsymbol{v}_1 \oplus \mathbf{0}_W, \ldots, \boldsymbol{v}_m \oplus \mathbf{0}_W, \mathbf{0}_V \oplus \boldsymbol{w}_1, \ldots, \mathbf{0}_V \oplus \boldsymbol{w}_n\}$$

は $V \oplus W$ の基底となる．

[証明] 次の 2 つのことを示せばよい．

(a) $V \oplus W$ が $(\heartsuit)$ で生成されること．
(b) $(\heartsuit)$ が一次独立であること．

(a) について

$V \oplus W$ の任意の元 $\boldsymbol{v} \oplus \boldsymbol{w}$ をとってくる．このとき $\boldsymbol{v} \in V$ かつ $\boldsymbol{w} \in W$ なので，ある実数 $a_1, \ldots, a_m, b_1, \ldots, b_n$ で

$$\boldsymbol{v} = a_1\boldsymbol{v}_1 + \cdots + a_m\boldsymbol{v}_m, \quad \boldsymbol{w} = b_1\boldsymbol{w}_1 + \cdots + b_n\boldsymbol{w}_n$$

をみたすものが存在する．すると

$$
\begin{aligned}
\boldsymbol{v} \oplus \boldsymbol{w} &= (a_1\boldsymbol{v}_1 + \cdots + a_m\boldsymbol{v}_m) \oplus (b_1\boldsymbol{w}_1 + \cdots + b_n\boldsymbol{w}_n) \\
&\underset{①}{=} (a_1\boldsymbol{v}_1 + \cdots + a_m\boldsymbol{v}_m + \mathbf{0}_V) \oplus (\mathbf{0}_W + b_1\boldsymbol{w}_1 + \cdots + b_n\boldsymbol{w}_n) \\
&\underset{②}{=} (a_1\boldsymbol{v}_1 + \cdots + a_m\boldsymbol{v}_m) \oplus \mathbf{0}_W + \mathbf{0}_V \oplus (b_1\boldsymbol{w}_1 + \cdots + b_n\boldsymbol{w}_n) \\
&\underset{③}{=} (a_1\boldsymbol{v}_1 + \cdots + a_m\boldsymbol{v}_m) \oplus (\underbrace{\mathbf{0}_W + \cdots + \mathbf{0}_W}_{m}) \\
&\quad + (\underbrace{\mathbf{0}_V + \cdots + \mathbf{0}_V}_{n}) \oplus (b_1\boldsymbol{w}_1 + \cdots + b_n\boldsymbol{w}_n) \\
&\underset{④}{=} (a_1\boldsymbol{v}_1 \oplus \mathbf{0}_W) + \cdots + (a_m\boldsymbol{v}_m \oplus \mathbf{0}_W) + (\mathbf{0}_V \oplus b_1\boldsymbol{w}_1) \\
&\quad + \cdots + (\mathbf{0}_V \oplus b_n\boldsymbol{w}_n) \\
&\underset{⑤}{=} (a_1\boldsymbol{v}_1 \oplus a_1\mathbf{0}_W) + \cdots + (a_m\boldsymbol{v}_m \oplus a_m\mathbf{0}_W) \\
&\quad + (b_1\mathbf{0}_V \oplus b_1\boldsymbol{w}_1) + \cdots + (b_n\mathbf{0}_V \oplus b_n\boldsymbol{w}_n) \\
&\underset{⑥}{=} a_1(\boldsymbol{v}_1 \oplus \mathbf{0}_W) + \cdots + a_m(\boldsymbol{v}_m \oplus \mathbf{0}_W) + b_1(\mathbf{0}_V \oplus \boldsymbol{w}_1) \\
&\quad + \cdots + b_n(\mathbf{0}_V \oplus \boldsymbol{w}_n) \\
&= \sum_{i=1}^{m} a_i(\boldsymbol{v}_i \oplus \mathbf{0}_W) + \sum_{j=1}^{n} b_j(\mathbf{0}_V \oplus \boldsymbol{w}_j)
\end{aligned}
$$

（説明）① $\mathbf{0}_V$, $\mathbf{0}_W$ はそれぞれ V, W の零元より．②, ④ 直和の和の定義より．③ 定義 1.2 の③の性質より．⑤第１章 零元の性質 (ii) より．⑥ 直和のスカラー倍の定義より．

とかけるので，$V \oplus W$ が (♡) で生成されることがわかった．

(b) について

一次独立の定義より，次を示すことが目標である．

(目標)

$$\sum_{i=1}^{m} a_i(\boldsymbol{v}_i \oplus \mathbf{0}_W) + \sum_{j=1}^{n} b_j(\mathbf{0}_V \oplus \boldsymbol{w}_j) = \mathbf{0}_{V\oplus W}$$

となる実数 $a_1, \ldots, a_m, b_1, \ldots, b_n$ があるとする．このとき

$$a_1 = 0, \ldots, a_m = 0, b_1 = 0, \ldots, b_n = 0$$

が成り立つ．

$\mathbf{0}_V \oplus \mathbf{0}_W = \mathbf{0}_{V\oplus W}$ であること[10] に注意し，(a) と同様に考えると

$$\begin{aligned}
\mathbf{0}_V \oplus \mathbf{0}_W &= \mathbf{0}_{V\oplus W} \\
&= \sum_{i=1}^{m} a_i(\boldsymbol{v}_i \oplus \mathbf{0}_W) + \sum_{j=1}^{n} b_j(\mathbf{0}_V \oplus \boldsymbol{w}_j) \\
&= (a_1\boldsymbol{v}_1 + \cdots + a_m\boldsymbol{v}_m) \oplus \mathbf{0}_W \\
&\quad + \mathbf{0}_V \oplus (b_1\boldsymbol{w}_1 + \cdots + b_n\boldsymbol{w}_n) \\
&= (a_1\boldsymbol{v}_1 + \cdots + a_m\boldsymbol{v}_m + \mathbf{0}_V) \\
&\quad \oplus (\mathbf{0}_W + b_1\boldsymbol{w}_1 + \cdots + b_n\boldsymbol{w}_n) \\
&= (a_1\boldsymbol{v}_1 + \cdots + a_m\boldsymbol{v}_m) \oplus (b_1\boldsymbol{w}_1 + \cdots + b_n\boldsymbol{w}_n)
\end{aligned}$$

がいえる[11]．したがって

$$a_1\boldsymbol{v}_1 + \cdots + a_m\boldsymbol{v}_m = \mathbf{0}_V, \quad b_1\boldsymbol{w}_1 + \cdots + b_n\boldsymbol{w}_n = \mathbf{0}_W$$

がいえる．いま，$\{\boldsymbol{v}_1, \ldots, \boldsymbol{v}_m\}$ は V の基底，そして $\{\boldsymbol{w}_1, \ldots, \boldsymbol{w}_n\}$ は W の基底なので $a_1 = 0, \ldots, a_m = 0, b_1 = 0, \ldots, b_n = 0$ がいえる．したがって (b) がいえた．以上より題意が示された． □

10) つまり $V \oplus W$ の零元は $\mathbf{0}_V \oplus \mathbf{0}_W$ である．
11) 等号の成立の理由を考えよ．

系 4.24

V, W を $\mathbb{R}$ 上の有限次元ベクトル空間とする．このとき次が成り立つ．

$$\dim(V \oplus W) = \dim V + \dim W$$

[証明]　$\dim V = m,\ \dim W = n$ とすると，定理 4.23 ($\heartsuit$) より $V \oplus W$ の基底の数は $m + n$ 個なので

$$\dim(V \oplus W) = m + n = \dim V + \dim W$$

となり題意が成り立つ． □

4.6　基底と次元に関するいくつかの例題や問題

例題 4.25

複素数全体の集合 $\mathbb{C} = \{a + bi \mid a, b \in \mathbb{R}\}$ を考える．

(1) $\mathbb{C}$ を通常の和と積により $\mathbb{R}$ 上のベクトル空間と考えたとき，$\mathbb{C}$ の次元は 2 となることを示せ．

(2) $\mathbb{C}$ を通常の和と積により $\mathbb{C}$ 上のベクトル空間と考えたとき，$\mathbb{C}$ の次元は 1 となることを示せ[12]．

[解答例]　(1) $\boldsymbol{1}$ と虚数単位 $\boldsymbol{i}$ が $\mathbb{C}$ の基底となることを示す．それには以下のことを確認すればよい．

(a) $\mathbb{C}$ の任意の元は 1 と i で生成されること．

(b) $\mathbb{C}$ を $\mathbb{R}$ 上のベクトル空間と考えたとき 1 と i は一次独立であること．

12)　注意 1.5(3) と例 1.6 を参照せよ．

(a) について

$\mathbb{C}$ の任意の元 α をとると α は実数 a, b を用いて $\alpha = a + bi$ という形で書けるので，$\alpha = a + bi = a \cdot 1 + b \cdot i$ となり，(a) が示せる．

(b) について

x, y を実数とする．目標は次を示すことである．

（目標） $x \cdot 1 + y \cdot i = 0_{\mathbb{C}}$ ならば $x = 0$ かつ $y = 0$ である．

$x \cdot 1 + y \cdot i = x + yi$ であり，かつ $0_{\mathbb{C}} = 0 + 0i$ なので $x + iy = 0 + 0i$ となる．つまり $x = 0$ かつ $y = 0$ がいえ，(b) もいえた．

以上より 1 と虚数単位 i が $\mathbb{C}$ を「$\mathbb{R}$ 上の」ベクトル空間と考えたときの基底となるので次元は 2 である．

(2) 1 が $\mathbb{C}$ の基底となることを示す．それには以下のことを確認すればよい．

(a) $\mathbb{C}$ の任意の元は 1 で生成されること[13)]． (b) $\mathbb{C}$ を $\mathbb{C}$ 上のベクトル空間と考えたとき 1 は「$\mathbb{C}$ 上」一次独立であること．

(a) について

$\mathbb{C}$ の任意の元 α をとると α は実数 a, b を用いて $\alpha = a + bi$ という形でかけるので，$\alpha = a + bi = (a + bi) \cdot 1$ となり，(a) が示せる．

(b) について

z を複素数とする．目標は次を示すことである．

（目標） $z \cdot 1 = 0_{\mathbb{C}}$ をみたすならば $z = 0 + 0i$ である．

13) 今 $\mathbb{C}$ は $\mathbb{C}$ 上のベクトル空間と考えているので 1 で生成されるベクトル空間 $\langle 1 \rangle$ は $\langle 1 \rangle = \{\alpha \cdot 1 \mid \alpha \in \mathbb{C}\}$ となる．

z は実数 p, q を用いて $z = p + qi$ とかけることに注意する．すると

$$p + qi = z = z \cdot 1 = 0_{\mathbb{C}} = 0 + 0i$$

なので $p = 0$ かつ $q = 0$ がいえる．つまり，$z = 0 + 0i$ である．したがって (b) もいえた．

以上より 1 が $\mathbb{C}$ を「$\mathbb{C}$ 上の」ベクトル空間と考えたときの基底となるので，次元は 1 である．　□

例題 4.26

$P(3, \mathbb{R})$ の次の部分集合 V を考える．

$$V = \{aX + bX^2 + cX^3 \mid a, b, c \in \mathbb{R}\}$$

(1) V は $P(3, \mathbb{R})$ の部分ベクトル空間となることを示せ．

(2) $\{X + X^2,\ \ X^2 + X^3,\ \ X + X^3\}$ は V の基底となることを示せ．

[解答例]　(1) 定理 3.2 を用いて次を確認すればよい．

(a) V の任意の 2 元 $\boldsymbol{v}_1$ と $\boldsymbol{v}_2$ に対して $\boldsymbol{v}_1 + \boldsymbol{v}_2 \in V$ が成り立つ．

(b) 任意の実数 λ と V の任意の元 $\boldsymbol{v}$ に対して $\lambda \boldsymbol{v} \in V$ が成り立つ．

(a) について

$\boldsymbol{v}_1$ と $\boldsymbol{v}_2$ は V の元より，

$$\boldsymbol{v}_1 = a_1X + b_1X^2 + c_1X^3, \quad \boldsymbol{v}_2 = a_2X + b_2X^2 + c_2X^3$$

と書けることがわかる．すると

$$\boldsymbol{v}_1 + \boldsymbol{v}_2 = (a_1 + a_2)X + (b_1 + b_2)X^2 + (c_1 + c_2)X^3$$

なので $\boldsymbol{v}_1 + \boldsymbol{v}_2 \in V$ となることがわかる．

(b) について

$\boldsymbol{v}$ は V の元より，

$$\boldsymbol{v} = aX + bX^2 + cX^3$$

と書けることがわかる．したがって

$$\lambda\boldsymbol{v} = (\lambda a)X + (\lambda b)X^2 + (\lambda c)X^3$$

なので $\lambda\boldsymbol{v} \in V$ となることがわかる．

以上より V は $P(3, \mathbb{R})$ の部分ベクトル空間となることがわかった．

(2) 次の 2 つのことを確認すればよい．

> (c) V の任意の元は $\{X + X^2,\ X^2 + X^3,\ X + X^3\}$ を用いて表される．
>
> (d) $X + X^2,\ X^2 + X^3,\ X + X^3$ は一次独立である．

(c) について

V の任意の元 $\boldsymbol{v}$ は，ある実数 a, b, c を用いて

$$\boldsymbol{v} = aX + bX^2 + cX^3$$

と書けることに注意する．一方

$$\boldsymbol{v} = \alpha(X + X^2) + \beta(X^2 + X^3) + \gamma(X + X^3) \tag{4.13}$$

と書くと，

$$\boldsymbol{v} = (\alpha + \gamma)X + (\alpha + \beta)X^2 + (\beta + \gamma)X^3$$

と変形できるので

$$a = \alpha + \gamma, \qquad b = \alpha + \beta, \qquad c = \beta + \gamma$$

がいえる．これを解くと，

$$\alpha = \frac{a+b-c}{2}, \quad \beta = \frac{b+c-a}{2}, \quad \gamma = \frac{c+a-b}{2}$$

となる．したがって式 (4.13) より

$$\begin{aligned} \boldsymbol{v} = &\frac{a+b-c}{2}(X+X^2) + \frac{b+c-a}{2}(X^2+X^3) \\ &+ \frac{c+a-b}{2}(X+X^3) \end{aligned}$$

となるので，(c) についてはいえる．

(d) について．一次独立の定義を考えると，次が目標となる：

> （目標）　実数 a, b, c に対して
>
> $$a(X+X^2) + b(X^2+X^3) + c(X+X^3) = 0_V$$
>
> をみたすならば $a=0, b=0, c=0$ となる．

これを示すために，上式の左辺を変形すると

$$\begin{aligned} &a(X+X^2) + b(X^2+X^3) + c(X+X^3) \\ &= (a+c)X + (a+b)X^2 + (b+c)X^3 \end{aligned}$$

となるので，次の連立方程式を解けばよいことになる．

$$a+c=0, \quad a+b=0, \quad b+c=0$$

これを解くと $a=0, b=0, c=0$ となることがわかるので，これより示された．　□

問題 4.27

V を例題 4.26 のものとする．このとき $\{X,\ X^2,\ X^3\}$ も V の基底となることを示せ．

例題 4.28

3 次元数ベクトル空間 $\mathbb{R}^3$ の部分集合

$$V = \left\{ \begin{pmatrix} x \\ y \\ z \end{pmatrix} \in \mathbb{R}^3 \;\middle|\; 2x - 3y + z = 0, x + y + z = 0 \right\}$$

は $\mathbb{R}^3$ の部分ベクトル空間となる（問題 3.15 参照）が，V の次元と一組の基底を求めよ．

[解答例] まず V の元を定義する次の連立一次方程式

$$2x - 3y + z = 0, \quad x + y + z = 0$$

を解くと，パラメーター t を用いて次のようになる[14)]．

$$\begin{pmatrix} x \\ y \\ z \end{pmatrix} = t \begin{pmatrix} 4 \\ 1 \\ -5 \end{pmatrix}$$

これより V は次のように書き換えることができる．

$$V = \left\{ t \begin{pmatrix} 4 \\ 1 \\ -5 \end{pmatrix} \in \mathbb{R}^3 \;\middle|\; t \in \mathbb{R} \right\}$$

14） 例えば [5, 第 6 章] を参照せよ．

つまり V はベクトル $\begin{pmatrix} 4 \\ 1 \\ -5 \end{pmatrix}$ で生成される．さらに $\begin{pmatrix} 4 \\ 1 \\ -5 \end{pmatrix}$ は一次独立であることがわかる[15)]ので，これは V の基底となることがわかる．したがって V の次元は 1 であり，基底は $\left\{ \begin{pmatrix} 4 \\ 1 \\ -5 \end{pmatrix} \right\}$ である．□

問題 4.29

3 次元数ベクトル空間 $\mathbb{R}^3$ の部分集合

$$V = \left\{ \begin{pmatrix} x \\ y \\ z \end{pmatrix} \in \mathbb{R}^3 \;\middle|\; 2x - 3y + z = 0 \right\}$$

は $\mathbb{R}^3$ の部分ベクトル空間となるが，V の次元と一組の基底を求めよ．

問題 4.30

$\mathbb{R}$ 上のベクトル空間 $M(2, \mathbb{R})$ の 4 つの元の組

$$\left\{ \begin{pmatrix} 1 & 1 \\ 1 & 0 \end{pmatrix}, \begin{pmatrix} 1 & 0 \\ 1 & 1 \end{pmatrix}, \begin{pmatrix} 0 & 1 \\ 1 & 1 \end{pmatrix}, \begin{pmatrix} 1 & 1 \\ 0 & 1 \end{pmatrix} \right\}$$

が $M(2, \mathbb{R})$ の基底となることを示せ．

例題 4.31

$V = M(3, \mathbb{R}), W = \{A \in M(3, \mathbb{R}) \mid \mathrm{Tr}(A) = 0\}$ とする．このとき例 3.12 から W は V の部分ベクトル空間となるが，W の次元を求めよ．

15）問題 4.22 を見よ．

[解答例] まず

$$B_1 = \begin{pmatrix} 1 & 0 & 0 \\ 0 & 0 & 0 \\ 0 & 0 & -1 \end{pmatrix},\ B_2 = \begin{pmatrix} 0 & 1 & 0 \\ 0 & 0 & 0 \\ 0 & 0 & 0 \end{pmatrix},\ B_3 = \begin{pmatrix} 0 & 0 & 1 \\ 0 & 0 & 0 \\ 0 & 0 & 0 \end{pmatrix}$$

$$B_4 = \begin{pmatrix} 0 & 0 & 0 \\ 1 & 0 & 0 \\ 0 & 0 & 0 \end{pmatrix},\ B_5 = \begin{pmatrix} 0 & 0 & 0 \\ 0 & 1 & 0 \\ 0 & 0 & -1 \end{pmatrix},\ B_6 = \begin{pmatrix} 0 & 0 & 0 \\ 0 & 0 & 1 \\ 0 & 0 & 0 \end{pmatrix}$$

$$B_7 = \begin{pmatrix} 0 & 0 & 0 \\ 0 & 0 & 0 \\ 1 & 0 & 0 \end{pmatrix},\ B_8 = \begin{pmatrix} 0 & 0 & 0 \\ 0 & 0 & 0 \\ 0 & 1 & 0 \end{pmatrix}$$

とおく．このとき $\{B_1, B_2, B_3, B_4, B_5, B_6, B_7, B_8\}$ が W の基底になることを示す．W の任意の元 A を $A = \begin{pmatrix} a & b & c \\ d & e & f \\ g & h & j \end{pmatrix}$ とおくと，$\mathrm{Tr}(A) = a + e + j$[16] より W の定義から $a + e + j = 0$ となる．したがって $j = -a - e$ となるので，

$$\begin{pmatrix} a & b & c \\ d & e & f \\ g & h & j \end{pmatrix} = \begin{pmatrix} a & b & c \\ d & e & f \\ g & h & -a-e \end{pmatrix}$$
$$= aB_1 + bB_2 + cB_3 + dB_4$$
$$+ eB_5 + fB_6 + gB_7 + hB_8$$

と書ける．よって，W は $\{B_1, B_2, B_3, B_4, B_5, B_6, B_7, B_8\}$ で生成される．次にこれらが一次独立となることを示す．

16) 例えば例 3.12 もしくは [5, 3.1 節] を見よ．

$$aB_1 + bB_2 + cB_3 + dB_4 + eB_5 + fB_6 + gB_7 + hB_8 = \begin{pmatrix} 0 & 0 & 0 \\ 0 & 0 & 0 \\ 0 & 0 & 0 \end{pmatrix}$$

が成り立つとする．このとき，この左辺は $\begin{pmatrix} a & b & c \\ d & e & f \\ g & h & -a-e \end{pmatrix}$ となるので，

$$a = 0,\quad b = 0,\quad c = 0,\quad d = 0,\quad e = 0,\quad f = 0,\quad g = 0,\quad h = 0$$

がいえる．したがって一次独立であることがわかる．これより，$\{B_1, B_2, B_3, B_4, B_5, B_6, B_7, B_8\}$ が W の基底となり，$\dim W = 8$ がいえる． □

コラム ベクトル空間にまつわる人々（その3）

エミー・ネーターは父を数学者のマックス・ネーターにもつドイツの女性数学者である．代数学の抽象的・公理的手法に大きく貢献した．とくに1921年の論文「環におけるイデアル論」において加群の概念を導入し，ベクトル空間をその特別な場合とみなした．エミー・ネーターの講義を聴いて強く影響を受けた数学者ファン・デル・ベルデンは，それをもとに著書「近代代数学」を著し，そこにおいて「線形代数」という言葉を現在の意味で初めて用いた．

図 4-1 エミー・ネーター，Amalie Emmy Noether: 1882–1935, ドイツの数学者

図 **4-2**　マックス・ネーター，Max Noether: 1844-1921, ドイツの数学者

図 **4-3**　ファン・デル・ベルデン，Bartel Leendert van der Waerden: 1903-1996, オランダの数学者

第 5 章

線形写像

この章では２つのベクトル空間が与えられたとき，それらの間の関係を数学的に記述するための１つの手段である「線形写像」について考察する．まず線形写像の定義を与え，その性質を調べる．さらに，線形写像が与えられたときの次元に関する関係式などを述べる．

5.1　線形写像の定義

2つのベクトル空間 V と W が与えられたとき，V と W の関係を調べたい．例えば V と W はベクトル空間として同じ構造をもつか？　もしくはそうでない場合，どのくらいの違いがあるか？

このようなことを考えるためにここで「線形写像」という概念を導入し，いくつかの性質を述べる．まず定義を与える．

定義 5.1

V, W を $\mathbb{R}$ 上のベクトル空間，$f : V \to W$ を写像とする．このとき f が**線形写像**，もしくは，**一次写像 (linear map)** であるとは f が次の２つの性質をみたすときをいう．

(i) V の任意の２つの元 $\boldsymbol{u}_1, \boldsymbol{u}_2$ に対して

$$f(\boldsymbol{u}_1 + \boldsymbol{u}_2) = f(\boldsymbol{u}_1) + f(\boldsymbol{u}_2)$$

が成り立つ．

(ii) V の任意の元 $\boldsymbol{u}$ と任意の実数 λ に対して

$$f(\lambda \boldsymbol{u}) = \lambda f(\boldsymbol{u})$$

が成り立つ．

定義 5.2

V を $\mathbb{R}$ 上のベクトル空間とする．V から V 自身への写像 $f : V \to V$ が線形写像であるとき f を **V の線形変換**，もしくは，**一次変換 (linear transformation)** という．

例 5.3 V を n 次元数ベクトル空間 $\mathbb{R}^n$, W を m 次元数ベクトル空間 $\mathbb{R}^m$ とする．また，A を $m \times n$ 行列 $A = \begin{pmatrix} a_{11} & \cdots & a_{1n} \\ \vdots & \ddots & \vdots \\ a_{m1} & \cdots & a_{mn} \end{pmatrix}$ とするとき，写像 $f : V \to W$ を次で定義する：

$$V \text{ の任意の元 } \boldsymbol{v} = \begin{pmatrix} x_1 \\ \vdots \\ x_n \end{pmatrix} \text{ に対して } f(\boldsymbol{v}) = A\boldsymbol{v}.$$

このとき，f は線形写像となる．

[証明] 線形写像の定義 5.1 の (i) と (ii) を確認すればよい．

(i) について

$\boldsymbol{u}_1 = \begin{pmatrix} x_1 \\ \vdots \\ x_n \end{pmatrix}$, $\boldsymbol{u}_2 = \begin{pmatrix} y_1 \\ \vdots \\ y_n \end{pmatrix}$ とする．このとき

$$\begin{aligned} f(\boldsymbol{u}_1 + \boldsymbol{u}_2) = A(\boldsymbol{u}_1 + \boldsymbol{u}_2) = A \begin{pmatrix} x_1 + y_1 \\ \vdots \\ x_n + y_n \end{pmatrix} \\ = \begin{pmatrix} \displaystyle\sum_{k=1}^{n} a_{1k}(x_k + y_k) \\ \vdots \\ \displaystyle\sum_{k=1}^{n} a_{mk}(x_k + y_k) \end{pmatrix} \end{aligned}$$

$$
= \begin{pmatrix} \left(\sum_{k=1}^{n} a_{1k}x_k\right) + \left(\sum_{k=1}^{n} a_{1k}y_k\right) \\ \vdots \\ \left(\sum_{k=1}^{n} a_{mk}x_k\right) + \left(\sum_{k=1}^{n} a_{mk}y_k\right) \end{pmatrix}
$$

$$
= \begin{pmatrix} \sum_{k=1}^{n} a_{1k}x_k \\ \vdots \\ \sum_{k=1}^{n} a_{mk}x_k \end{pmatrix} + \begin{pmatrix} \sum_{k=1}^{n} a_{1k}y_k \\ \vdots \\ \sum_{k=1}^{n} a_{mk}y_k \end{pmatrix}
$$

$$
= A\boldsymbol{u}_1 + A\boldsymbol{u}_2 = f(\boldsymbol{u}_1) + f(\boldsymbol{u}_2)
$$

(ii) について

$$
\boldsymbol{u} = \begin{pmatrix} x_1 \\ \vdots \\ x_n \end{pmatrix} \text{とおくと}
$$

$$
\lambda f(\boldsymbol{u}) = \lambda A\boldsymbol{u} = \lambda \begin{pmatrix} a_{11} & \cdots & a_{1n} \\ \vdots & \ddots & \vdots \\ a_{m1} & \cdots & a_{mn} \end{pmatrix} \begin{pmatrix} x_1 \\ \vdots \\ x_n \end{pmatrix}
$$

$$
= \begin{pmatrix} \lambda a_{11} & \cdots & \lambda a_{1n} \\ \vdots & \ddots & \vdots \\ \lambda a_{m1} & \cdots & \lambda a_{mn} \end{pmatrix} \begin{pmatrix} x_1 \\ \vdots \\ x_n \end{pmatrix}
$$

$$
= \begin{pmatrix} \lambda a_{11}x_1 + \cdots + \lambda a_{1n}x_n \\ \vdots \\ \lambda a_{m1}x_1 + \cdots + \lambda a_{mn}x_n \end{pmatrix}
$$

$$
= \begin{pmatrix} a_{11}(\lambda x_1) + \cdots + a_{1n}(\lambda x_n) \\ \vdots \\ a_{m1}(\lambda x_1) + \cdots + a_{mn}(\lambda x_n) \end{pmatrix}
$$

$$
= \begin{pmatrix} a_{11} & \cdots & a_{1n} \\ \vdots & \ddots & \vdots \\ a_{m1} & \cdots & a_{mn} \end{pmatrix} \begin{pmatrix} \lambda x_1 \\ \vdots \\ \lambda x_n \end{pmatrix} = A(\lambda \boldsymbol{u}) = f(\lambda \boldsymbol{u})
$$

以上より f が線形写像であることが示された. □

命題 5.4

V, W を $\mathbb{R}$ 上のベクトル空間とする. このとき, 写像 $f : V \to W$ が線形写像であることと次の条件 (◇) をみたすことは同値である.

(◇) V の任意の 2 つの元 $\boldsymbol{v}_1$, $\boldsymbol{v}_2$ と任意の 2 つの実数 r_1, r_2 に対して次の等式が成り立つ.

$$
f(r_1\boldsymbol{v}_1 + r_2\boldsymbol{v}_2) = r_1 f(\boldsymbol{v}_1) + r_2 f(\boldsymbol{v}_2)
$$

[証明] (1) 写像 f が線形写像であると仮定して, 上の (◇) をみたすことを示す. すると線形写像の定義より

$$
f(r_1\boldsymbol{v}_1 + r_2\boldsymbol{v}_2) = f(r_1\boldsymbol{v}_1) + f(r_2\boldsymbol{v}_2) = r_1 f(\boldsymbol{v}_1) + r_2 f(\boldsymbol{v}_2)
$$

となり, 上の条件 (◇) が示された.

(2) 上の条件 (◇) を仮定する. このとき f が線形写像となることを示すには, 線形写像の定義 5.1(i) と (ii) をみたせばよい.

（線形写像の定義 **5.1(i)** について）

上の条件 (◇) で，$r_1 = 1,\ r_2 = 1$ とおくと $f(\boldsymbol{v}_1 + \boldsymbol{v}_2) = f(\boldsymbol{v}_1) + f(\boldsymbol{v}_2)$ となるのでこれで示されたことになる．

（線形写像の定義 **5.1(ii)** について）

上の条件 (◇) で，$r_1 = r,\ r_2 = 0,\ \boldsymbol{v}_1 = \boldsymbol{v}$ とおくと $f(r\boldsymbol{v}) = rf(\boldsymbol{v})$ となる[1)]のでこれで (ii) も示されたことになる．

以上により命題 5.4 が示された．　□

これにより線形写像であることを示すには命題 5.4 の (◇) を示せばよいことがわかる．

問題 5.5

U, V, W を $\mathbb{R}$ 上のベクトル空間，$f : U \to V$ と $g : V \to W$ を線形写像とする．このとき，合成写像 $g \circ f : U \to W$ も線形写像であることを示せ．

例題 5.6

2 つの数ベクトル空間 $\mathbb{R}^3$ と $\mathbb{R}^2$ に対して，次で定義される写像 $f : \mathbb{R}^3 \to \mathbb{R}^2$ は線形写像となるかについて調べよ．

$$f\left(\begin{pmatrix} x \\ y \\ z \end{pmatrix}\right) = \begin{pmatrix} x + y \\ y + z \end{pmatrix}$$

[解答例]　$\mathbb{R}^3$ の任意の 2 つの元 $\begin{pmatrix} a_1 \\ b_1 \\ c_1 \end{pmatrix}, \begin{pmatrix} a_2 \\ b_2 \\ c_2 \end{pmatrix}$ と任意の実数 r, s に対して

1)　$r_2 = 0$ のとき第 1 章の零元の性質 (i) を使うと $r_2\boldsymbol{v}_2 = \mathbf{0}_V,\ r_2 f(\boldsymbol{v}_2) = \mathbf{0}_W$ となることに注意．

$$
\begin{aligned}
f\left(r\begin{pmatrix}a_1\\b_1\\c_1\end{pmatrix}+s\begin{pmatrix}a_2\\b_2\\c_2\end{pmatrix}\right) &= f\left(\begin{pmatrix}ra_1+sa_2\\rb_1+sb_2\\rc_1+sc_2\end{pmatrix}\right)\\
&= \begin{pmatrix}(ra_1+sa_2)+(rb_1+sb_2)\\(rb_1+sb_2)+(rc_1+sc_2)\end{pmatrix}\\
&= \begin{pmatrix}r(a_1+b_1)+s(a_2+b_2)\\r(b_1+c_1)+s(b_2+c_2)\end{pmatrix}\\
&= r\begin{pmatrix}a_1+b_1\\b_1+c_1\end{pmatrix}+s\begin{pmatrix}a_2+b_2\\b_2+c_2\end{pmatrix}\\
&= rf\left(\begin{pmatrix}a_1\\b_1\\c_1\end{pmatrix}\right)+sf\left(\begin{pmatrix}a_2\\b_2\\c_2\end{pmatrix}\right)
\end{aligned}
$$

したがって命題 5.4 より線形写像となる． □

5.2 線形写像の性質

ここで線形写像に関するいくつかの性質を見ていく．ここでは特に断らない限り $\boldsymbol{V_1}$, $\boldsymbol{V_2}$ を $\mathbb{R}$ 上のベクトル空間，$\boldsymbol{f : V_1 \to V_2}$ を線形写像とする．

定理 5.7

(1) $\mathbf{0}_{V_1}, \mathbf{0}_{V_2}$ をそれぞれ V_1, V_2 の零元とする．このとき

$$f(\mathbf{0}_{V_1}) = \mathbf{0}_{V_2}$$

が成り立つ．

(2) V_1 の任意の元 $\boldsymbol{u}$ に対して

$$f(-\boldsymbol{u}) = -f(\boldsymbol{u})$$

が成り立つ.

[証明]　(1) $\mathbf{0}_{V_1} = \mathbf{0}_{V_1} + \mathbf{0}_{V_1}$ と線形写像の定義より

$$f(\mathbf{0}_{V_1}) = f(\mathbf{0}_{V_1} + \mathbf{0}_{V_1}) = f(\mathbf{0}_{V_1}) + f(\mathbf{0}_{V_1})$$

がいえる．したがって

$$\begin{aligned}\mathbf{0}_{V_2} &= f(\mathbf{0}_{V_1}) - f(\mathbf{0}_{V_1}) = (f(\mathbf{0}_{V_1}) + f(\mathbf{0}_{V_1})) - f(\mathbf{0}_{V_1}) \\ &= f(\mathbf{0}_{V_1}) + (f(\mathbf{0}_{V_1}) - f(\mathbf{0}_{V_1})) = f(\mathbf{0}_{V_1}) + \mathbf{0}_{V_2} = f(\mathbf{0}_{V_1})\end{aligned}$$

となるので (1) が示された.

(2) 線形写像の定義と (1) より

$$f(\boldsymbol{u}) + f(-\boldsymbol{u}) = f(\boldsymbol{u} + (-\boldsymbol{u})) = f(\mathbf{0}_{V_1}) = \mathbf{0}_{V_2}$$

がいえる．したがって

$$\begin{aligned}-f(\boldsymbol{u}) &= -f(\boldsymbol{u}) + \mathbf{0}_{V_2} = -f(\boldsymbol{u}) + (f(\boldsymbol{u}) + f(-\boldsymbol{u})) \\ &= (-f(\boldsymbol{u}) + f(\boldsymbol{u})) + f(-\boldsymbol{u}) = \mathbf{0}_{V_2} + f(-\boldsymbol{u}) = f(-\boldsymbol{u})\end{aligned}$$

となるので (2) が示された.　□

例題 5.8

数ベクトル空間 $\mathbb{R}^3$ に対して，次で定義される写像 $g : \mathbb{R}^3 \to \mathbb{R}^3$ は線形写像となるかについて調べよ.

$$g\left(\begin{pmatrix} x \\ y \\ z \end{pmatrix}\right) = \begin{pmatrix} x+1 \\ y \\ x-z \end{pmatrix}$$

[解答例] 写像 g の定義より

$$g\left(\begin{pmatrix} 0 \\ 0 \\ 0 \end{pmatrix}\right) = \begin{pmatrix} 1 \\ 0 \\ 0 \end{pmatrix}$$

となるが，定理 5.7 (1) より，g は線形写像とはならない． □

定義 5.9

V, W を $\mathbb{R}$ 上のベクトル空間とする．

(1) 写像 $f : V \to W$ が**同型写像 (isomorphism)** であるとは，f が線形写像であり，かつ全単射であるときをいう．

(2) V と W が**同型である (isomorphic)** とは，V から W への同型写像 $V \to W$ が存在するときをいい，これを $V \cong W$ と書く．

例題 5.10

V, W を $\mathbb{R}$ 上のベクトル空間，$f : V \to W$ を同型写像とする．このとき，f の逆写像 $f^{-1} : W \to V$ も線形写像である．

[解答例] 命題 5.4 より，W の任意の 2 つの元 $\boldsymbol{w}_1$，$\boldsymbol{w}_2$ と任意の 2 つの実数 r_1, r_2 に対して，次が成り立つことを示せばよい．

$$f^{-1}(r_1\boldsymbol{w}_1 + r_2\boldsymbol{w}_2) = r_1 f^{-1}(\boldsymbol{w}_1) + r_2 f^{-1}(\boldsymbol{w}_2)$$

特に，f は全単射なので V の元 $\boldsymbol{v}_1, \boldsymbol{v}_2$ で次をみたすものが存在する．

$$f(\boldsymbol{v}_1) = \boldsymbol{w}_1,\quad f(\boldsymbol{v}_2) = \boldsymbol{w}_2 \tag{5.1}$$

$$f^{-1}(\boldsymbol{w}_1) = \boldsymbol{v}_1,\quad f^{-1}(\boldsymbol{w}_2) = \boldsymbol{v}_2 \tag{5.2}$$

これらを用いて考えると,

$$\begin{aligned} f^{-1}(r_1\boldsymbol{w}_1 + r_2\boldsymbol{w}_2) &\underset{①}{=} f^{-1}(r_1 f(\boldsymbol{v}_1) + r_2 f(\boldsymbol{v}_2)) \\ &\underset{②}{=} f^{-1}(f(r_1\boldsymbol{v}_1 + r_2\boldsymbol{v}_2)) \\ &\underset{③}{=} r_1\boldsymbol{v}_1 + r_2\boldsymbol{v}_2 \\ &\underset{④}{=} r_1 f^{-1}(\boldsymbol{w}_1) + r_2 f^{-1}(\boldsymbol{w}_2) \end{aligned}$$

（説明）① 式 (5.1) より．② f は線形写像より．③ f^{-1} の定義より．④ 式 (5.2) より．

したがって題意が証明された． □

注意 5.11　V, W を $\mathbb{R}$ 上のベクトル空間，$f : V \to W$ を同型写像とする．このとき $V \cong W$ である．仮定より f は全単射なので f^{-1} も全単射となり，また例題 5.10 より f^{-1} は線形写像なので，$f^{-1} : W \to V$ も同型写像となり，$W \cong V$ となる．

定義 5.12

A を $n \times m$ 行列とする．このとき写像 $m_A : \mathbb{R}^m \to \mathbb{R}^n$ を次で定義する．

$$m_A(\boldsymbol{x}) = A\boldsymbol{x}$$

問題 5.13

m_A は線形写像となることを示せ．

次の命題は m 次元数ベクトル空間から n 次元数ベクトル空間への線形写像の特徴づけを与える．

命題 5.14

m 次元数ベクトル空間 $\mathbb{R}^m$ から n 次元数ベクトル空間 $\mathbb{R}^n$ への任意の線形写像 $f : \mathbb{R}^m \to \mathbb{R}^n$ は，ある $n \times m$ 行列 A を用いて $f = m_A$ となる．

[証明] （手順 1）まず $\boldsymbol{n \times m}$ 行列 $\boldsymbol{A}$ を作る． $\{\boldsymbol{e}_1, \ldots, \boldsymbol{e}_m\}$ を m 次元数ベクトル空間 $\mathbb{R}^m$ の標準基底とする．このとき各 i に対して $\boldsymbol{a}_i = f(\boldsymbol{e}_i)$ とおき，$n \times m$ 行列 A を $A = (\boldsymbol{a}_1 \cdots \boldsymbol{a}_m)$ で定義する（ここで各 $\boldsymbol{a}_i$ は $n \times 1$ 行列，つまり列ベクトルである）．

（手順 2）次に $\boldsymbol{2}$ つの写像 $\boldsymbol{f}$ と $\boldsymbol{m_A}$ が等しいことを示す．つまり次が目標である．

（目標） $\mathbb{R}^m$ の任意の元 $\boldsymbol{x}$ に対して $f(\boldsymbol{x}) = m_A(\boldsymbol{x})$ が成り立つことを示す．

ここで $\boldsymbol{x} = \begin{pmatrix} x_1 \\ \vdots \\ x_m \end{pmatrix}$ とおくと $\boldsymbol{x} = x_1\boldsymbol{e}_1 + \cdots + x_m\boldsymbol{e}_m$ と書けることに注意し，写像 f が線形写像であることを用いると

$$
\begin{aligned}
f(\boldsymbol{x}) &= f(x_1\boldsymbol{e}_1 + \cdots + x_m\boldsymbol{e}_m) \\
&= x_1 f(\boldsymbol{e}_1) + \cdots + x_m f(\boldsymbol{e}_m) \\
&= x_1\boldsymbol{a}_1 + \cdots + x_m\boldsymbol{a}_m \\
&= \begin{pmatrix} \boldsymbol{a}_1 & \cdots & \boldsymbol{a}_m \end{pmatrix} \begin{pmatrix} x_1 \\ \vdots \\ x_m \end{pmatrix} \\
&= A\boldsymbol{x} = m_A(\boldsymbol{x})
\end{aligned}
$$

となる．以上より示された． □

5.3　線形写像の核・像と次元定理

この節では，線形写像に関する次元定理を与える．その前に必要な用語の定義と性質について述べよう．

線形写像の核と像

定義 5.15

V_1, V_2 を $\mathbb{R}$ 上のベクトル空間，$f: V_1 \to V_2$ を線形写像とする．

(1) $\boldsymbol{f}$ **の核 (kernel)** $\mathrm{Ker}(f)$ を次で定義する．

$$\mathrm{Ker}(f) := \{\boldsymbol{u} \in V_1 \mid f(\boldsymbol{u}) = \boldsymbol{0}_{V_2}\}$$

(2) $\boldsymbol{f}$ **の像 (image)** $\mathrm{Im}(f)$ を次で定義する．

$$\mathrm{Im}(f) := \{f(\boldsymbol{u}) \mid \boldsymbol{u} \in V_1\}$$

注意 5.16　(1) 定理 5.7 (1) より $f(\mathbf{0}_{V_1}) = \mathbf{0}_{V_2}$ なので $\mathbf{0}_{V_1} \in \mathrm{Ker}(f)$ が成り立つ[2].

(2) 定義より $\mathrm{Ker}(f) \subset V_1$, $\mathrm{Im}(f) \subset V_2$ がわかる.

線形写像の核に関しては次のことがいえる.

定理 5.17

V_1, V_2 を $\mathbb{R}$ 上のベクトル空間, $f : V_1 \to V_2$ を線形写像とする. このとき, 次の 2 つは同値である.

(1) f は単射である.　(2) $\mathrm{Ker}(f) = \{\mathbf{0}_{V_1}\}$

[証明]　**(1)⟹(2)** について

注意 5.16 (1) を考えると $\mathrm{Ker}(f) \subset \{\mathbf{0}_{V_1}\}$ を示せばよいことがわかる. つまり次の目標を示せばよい.

（目標）　$\mathrm{Ker}(f)$ の任意の元 $\boldsymbol{u}$ に対し, $\boldsymbol{u} = \mathbf{0}_{V_1}$ となること.

核の定義から

$$f(\boldsymbol{u}) = \mathbf{0}_{V_2} \tag{5.3}$$

がいえる. また一方で定理 5.7 (1) より

$$f(\mathbf{0}_{V_1}) = \mathbf{0}_{V_2} \tag{5.4}$$

がいえる. つまり式 (5.3) と式 (5.4) より $f(\boldsymbol{u}) = f(\mathbf{0}_{V_1})$ がいえる. ここで仮定 (1) を使うと f は単射であるから $\boldsymbol{u} = \mathbf{0}_{V_1}$ がいえる. これより目標が示された.

---

2)　集合の記号を用いると $\{\mathbf{0}_{V_1}\} \subset \mathrm{Ker}(f)$ ということである.

(2)⟹(1) について

単射の定義より示すべき目標は次である．

> （目標）　$\boldsymbol{u}, \boldsymbol{v} \in V_1$ に対し $f(\boldsymbol{u}) = f(\boldsymbol{v})$ なら $\boldsymbol{u} = \boldsymbol{v}$ となること．

すると線形写像の定義と定理 5.7 (2) から

$$f(\boldsymbol{u} - \boldsymbol{v}) = f(\boldsymbol{u} + (-\boldsymbol{v})) = f(\boldsymbol{u}) + f(-\boldsymbol{v}) = f(\boldsymbol{u}) - f(\boldsymbol{v}) = \boldsymbol{0}_{V_2}$$

したがって $\boldsymbol{u} - \boldsymbol{v} \in \mathrm{Ker}(f)$ となる．ところが仮定 (2) より $\mathrm{Ker}(f) = \{\boldsymbol{0}_{V_1}\}$ なので $\boldsymbol{u} - \boldsymbol{v} = \boldsymbol{0}_{V_1}$ となるから目標である $\boldsymbol{u} = \boldsymbol{v}$ が示されたことになる． □

また，線形写像の像に関しては，全射の定義から次のことがわかる．

定理 5.18

V_1, V_2 を $\mathbb{R}$ 上のベクトル空間，$f : V_1 \to V_2$ を線形写像とする．このとき，次の 2 つは同値である．

(1) f は全射である．　　(2) $\mathrm{Im}(f) = V_2$

問題 5.19

定理 5.18 を証明せよ．

問題 5.20

$\boldsymbol{a}_1, \ldots, \boldsymbol{a}_m$ を行数が n の列ベクトルとし，$A = \begin{pmatrix} \boldsymbol{a}_1 & \cdots & \boldsymbol{a}_m \end{pmatrix}$ を $n \times m$ 行列とする．このとき写像 m_A について次を示せ．

(1) m_A が全射 $\Longleftrightarrow \mathbb{R}^n = \langle \boldsymbol{a}_1, \ldots, \boldsymbol{a}_m \rangle$

(2) m_A が単射 $\Longleftrightarrow \boldsymbol{a}_1, \ldots, \boldsymbol{a}_m$ は一次独立である．

さて，このように定義される線形写像の「核」と「像」はそれぞれ $\boldsymbol{V_1}$, $\boldsymbol{V_2}$ の部分ベクトル空間になる．

定理 5.21

V_1, V_2 を $\mathbb{R}$ 上のベクトル空間，$f : V_1 \to V_2$ を線形写像とする．このとき次が成り立つ．

(1) $\mathrm{Ker}(f)$ は V_1 の部分ベクトル空間となる．

(2) $\mathrm{Im}(f)$ は V_2 の部分ベクトル空間となる．

[証明]（証明の方針）定理 **3.2** の条件 **(ii.1)** と **(ii.2)** が成り立つことを確認する．

(1)「核」の場合について確認する．目標は次の 2 つである．

(a) $\mathrm{Ker}(f)$ の任意の 2 つの元 $\boldsymbol{w}_1$ と $\boldsymbol{w}_2$ に対して $\boldsymbol{w}_1 + \boldsymbol{w}_2 \in \mathrm{Ker}(f)$ を示す．

(b) 任意の実数 r と $\mathrm{Ker}(f)$ の任意の元 $\boldsymbol{w}$ に対して $r\boldsymbol{w} \in \mathrm{Ker}(f)$ を示す．

(a) について

f が線形写像であることを用いると，

$$f(\boldsymbol{w}_1 + \boldsymbol{w}_2) = f(\boldsymbol{w}_1) + f(\boldsymbol{w}_2) = \mathbf{0}_{V_2} + \mathbf{0}_{V_2} = \mathbf{0}_{V_2}$$

より $\boldsymbol{w}_1 + \boldsymbol{w}_2 \in \mathrm{Ker}(f)$ がいえた．

(b) について

同様にして $f(r\boldsymbol{w}) = rf(\boldsymbol{w}) = r\mathbf{0}_{V_2} = \mathbf{0}_{V_2}$ より，$r\boldsymbol{w} \in \mathrm{Ker}(f)$ もいえた[3)]．

(2)「像」の場合について確認する．目標は次の 2 つである．

3）最後の等式は第 1 章の零元の性質 (ii) を用いた．

(c) $\mathrm{Im}(f)$ の任意の２つの元 $\boldsymbol{w}_1$ と $\boldsymbol{w}_2$ に対して
$\boldsymbol{w}_1+\boldsymbol{w}_2 \in \mathrm{Im}(f)$ を示す.
(d) 任意の実数 r と $\mathrm{Im}(f)$ の任意の元 $\boldsymbol{w}$ に対して
$r\boldsymbol{w} \in \mathrm{Im}(f)$ を示す.

(c) について

仮定より，V_1 の 2 つの元 $\boldsymbol{u}_1$, $\boldsymbol{u}_2$ で $f(\boldsymbol{u}_1)=\boldsymbol{w}_1$, $f(\boldsymbol{u}_2)=\boldsymbol{w}_2$ をみたすものが存在する．f は線形写像より，

$$\boldsymbol{w}_1+\boldsymbol{w}_2=f(\boldsymbol{u}_1)+f(\boldsymbol{u}_2)=f(\boldsymbol{u}_1+\boldsymbol{u}_2)$$

なので，$\boldsymbol{w}_1+\boldsymbol{w}_2 \in \mathrm{Im}(f)$ がいえた.

(d) について

同様にして，仮定より，V_1 の元 $\boldsymbol{u}$ で $f(\boldsymbol{u})=\boldsymbol{w}$ をみたすものが存在する．f が線形写像であることを用いると，

$$r\boldsymbol{w}=rf(\boldsymbol{u})=f(r\boldsymbol{u})$$

より，$r\boldsymbol{w} \in \mathrm{Im}(f)$ もいえた. □

定理 5.21 と同様にして次を示すことができる.

命題 5.22

V, W を $\mathbb{R}$ 上のベクトル空間，$f: V \to W$ を線形写像とする．また，S を V の部分ベクトル空間とする．このとき $f(S)$ は W の部分ベクトル空間となる.

問題 5.23

命題 5.22 を示せ.

例題 5.24

3×4 行列

$$A = \begin{pmatrix} 1 & -3 & 5 & 2 \\ -2 & 6 & -9 & 3 \\ 3 & -9 & 17 & 20 \end{pmatrix}$$

に対して，線形写像 $m_A : \mathbb{R}^4 \to \mathbb{R}^3$ を考える．

(1) $\mathrm{Ker}(m_A)$ を求めよ．

(2) $\mathrm{Im}(m_A)$ を求めよ．

[解答例]　(1) $\boldsymbol{u} = \begin{pmatrix} x \\ y \\ z \\ w \end{pmatrix}$ を $\mathrm{Ker}(m_A)$ の元とする．このとき $A\boldsymbol{u} = \begin{pmatrix} 0 \\ 0 \\ 0 \end{pmatrix}$ が成り立つ．ここで行列の理論を用いると $\boldsymbol{A}$ に行の基本変形をすることで次の形の行列に変形できる．

$$A = \begin{pmatrix} 1 & -3 & 5 & 2 \\ -2 & 6 & -9 & 3 \\ 3 & -9 & 17 & 20 \end{pmatrix} \xrightarrow[①]{} \begin{pmatrix} 1 & -3 & 5 & 2 \\ 0 & 0 & 1 & 7 \\ 3 & -9 & 17 & 20 \end{pmatrix}$$

$$\xrightarrow[②]{} \begin{pmatrix} 1 & -3 & 5 & 2 \\ 0 & 0 & 1 & 7 \\ 0 & 0 & 2 & 14 \end{pmatrix} \xrightarrow[③]{} \begin{pmatrix} 1 & -3 & 5 & 2 \\ 0 & 0 & 1 & 7 \\ 0 & 0 & 0 & 0 \end{pmatrix}$$

説明 ① 第 1 行を 2 倍して第 2 行に加える．② 第 1 行を (−3) 倍して第 3 行に加える．③ 第 2 行を (−2) 倍して第 3 行に加える．

最後に得られた行列を B とする．ところで $\boldsymbol{A}$ に行の基本変形をして行列 $\boldsymbol{B}$ にすることは $\boldsymbol{A}$ に左からある $\mathbf{3}$ 次正則行列 $\boldsymbol{Q}$ を掛けることにより $\boldsymbol{B}=\boldsymbol{Q}\boldsymbol{A}$ となることである．したがって

$$B\boldsymbol{u}=(QA)\boldsymbol{u}=Q(A\boldsymbol{u})=Q\mathbf{0}_{\mathbb{R}^3}=\mathbf{0}_{\mathbb{R}^3}$$

となる．これから次の式が得られる．

$$\begin{cases} x-3y+5z+2w=0 \\ z+7w=0 \end{cases}$$

この連立一次方程式を解くと

$$\begin{pmatrix} x \\ y \\ z \\ w \end{pmatrix}=\begin{pmatrix} 3y+33w \\ y \\ -7w \\ w \end{pmatrix}=y\begin{pmatrix} 3 \\ 1 \\ 0 \\ 0 \end{pmatrix}+w\begin{pmatrix} 33 \\ 0 \\ -7 \\ 1 \end{pmatrix}$$

となるので，したがって

$$\mathrm{Ker}(m_A)=\left\{\lambda_1\begin{pmatrix} 3 \\ 1 \\ 0 \\ 0 \end{pmatrix}+\lambda_2\begin{pmatrix} 33 \\ 0 \\ -7 \\ 1 \end{pmatrix}\ \middle|\ \lambda_1,\lambda_2\in\mathbb{R}\right\}$$

(2)（$\mathbf{Im}(\boldsymbol{m_A})$ の求め方）$A=\begin{pmatrix} \boldsymbol{a}_1 & \boldsymbol{a}_2 & \boldsymbol{a}_3 & \boldsymbol{a}_4 \end{pmatrix}$ を行列 A の列ベクトル表現，つまり

$$\boldsymbol{a}_1=\begin{pmatrix} 1 \\ -2 \\ 3 \end{pmatrix},\quad \boldsymbol{a}_2=\begin{pmatrix} -3 \\ 6 \\ -9 \end{pmatrix},\quad \boldsymbol{a}_3=\begin{pmatrix} 5 \\ -9 \\ 17 \end{pmatrix},\quad \boldsymbol{a}_4=\begin{pmatrix} 2 \\ 3 \\ 20 \end{pmatrix}$$

とする．$\boldsymbol{y}$ を $\mathrm{Im}(m_A)$ の任意の元とすると，$\mathbb{R}^4$ のある元 $\boldsymbol{x} = \begin{pmatrix} x_1 \\ x_2 \\ x_3 \\ x_4 \end{pmatrix}$

を用いて

$$\boldsymbol{y} = A\boldsymbol{x} = \begin{pmatrix} \boldsymbol{a}_1 & \boldsymbol{a}_2 & \boldsymbol{a}_3 & \boldsymbol{a}_4 \end{pmatrix} \boldsymbol{x} = x_1\boldsymbol{a}_1 + x_2\boldsymbol{a}_2 + x_3\boldsymbol{a}_3 + x_4\boldsymbol{a}_4$$

と記述できる．したがって

$$\begin{aligned} \mathrm{Im}(m_A) &= \{\lambda_1\boldsymbol{a}_1 + \lambda_2\boldsymbol{a}_2 + \lambda_3\boldsymbol{a}_3 + \lambda_4\boldsymbol{a}_4 \mid \lambda_1, \lambda_2, \lambda_3, \lambda_4 \in \mathbb{R}\} \\ &= \langle \boldsymbol{a}_1, \boldsymbol{a}_2, \boldsymbol{a}_3, \boldsymbol{a}_4 \rangle \end{aligned}$$

となる． □

部分ベクトル空間の直和について

部分ベクトル空間の直和に関して次がいえる．

命題 5.25

V を $\mathbb{R}$ 上のベクトル空間，W_1 と W_2 を V の部分ベクトル空間とする．写像 $g : W_1 \oplus W_2 \to W_1 + W_2$ を次のように定義する：$W_1 \oplus W_2$ の任意の元 $\boldsymbol{w}_1 \oplus \boldsymbol{w}_2$ に対して，

$$g(\boldsymbol{w}_1 \oplus \boldsymbol{w}_2) = \boldsymbol{w}_1 + \boldsymbol{w}_2.$$

このとき次は同値である．

(1) 写像 g は同型である．

(2) $W_1 \cap W_2 = \{\mathbf{0}_V\}$.

(3) $W_1 + W_2$ の任意の元 $\boldsymbol{x}$ を $\boldsymbol{x} = \boldsymbol{x}_1 + \boldsymbol{x}_2 (\boldsymbol{x}_1 \in W_1, \boldsymbol{x}_2 \in W_2)$ と書いたとき，この表し方は一意的である．

[証明]　**(1) $\Longrightarrow$ (2)** について

示すべき目標は次である．

（目標）　$W_1 \cap W_2$ の任意の元 $\boldsymbol{x}$ に対し $\boldsymbol{x} = \boldsymbol{0}_V$ となること．

$\boldsymbol{x} \in W_1$ かつ $\boldsymbol{0}_V \in W_2$ より $\boldsymbol{x} \oplus \boldsymbol{0}_V \in W_1 \oplus W_2$．よって $g(\boldsymbol{x} \oplus \boldsymbol{0}_V) = \boldsymbol{x} + \boldsymbol{0}_V = \boldsymbol{x}$．一方 $\boldsymbol{0}_V \in W_1$ かつ $\boldsymbol{x} \in W_2$ より $\boldsymbol{0}_V \oplus \boldsymbol{x} \in W_1 \oplus W_2$．よって $g(\boldsymbol{0}_V \oplus \boldsymbol{x}) = \boldsymbol{0}_V + \boldsymbol{x} = \boldsymbol{x}$. よって $g(\boldsymbol{x} \oplus \boldsymbol{0}_V) = g(\boldsymbol{0}_V \oplus \boldsymbol{x})$ が成り立つ．ところが g は同型写像なので特に単射である．単射の定義を思い出すと $\boldsymbol{x} \oplus \boldsymbol{0}_V = \boldsymbol{0}_V \oplus \boldsymbol{x}$ がいえる．すると注意 2.7 (2) より $\boldsymbol{x} = \boldsymbol{0}_V$ が成り立ち，目標が達成される．

(2) $\Longrightarrow$ (3) について

目標は以下のものである．

（目標）　$W_1 + W_2$ の任意の元 $\boldsymbol{x}$ が $\boldsymbol{x} = \boldsymbol{x}_1 + \boldsymbol{x}_2$, $\boldsymbol{x} = \boldsymbol{y}_1 + \boldsymbol{y}_2$（$\boldsymbol{x}_1, \boldsymbol{y}_1 \in W_1$, $\boldsymbol{x}_2, \boldsymbol{y}_2 \in W_2$）と書けたとする．このとき $\boldsymbol{x}_1 = \boldsymbol{y}_1, \boldsymbol{x}_2 = \boldsymbol{y}_2$ を示す．

仮定より $\boldsymbol{x}_1 + \boldsymbol{x}_2 = \boldsymbol{y}_1 + \boldsymbol{y}_2$ がいえる．したがって

$$\boldsymbol{x}_1 - \boldsymbol{y}_1 = \boldsymbol{y}_2 - \boldsymbol{x}_2 \tag{5.5}$$

となる．$\boldsymbol{x}_1, \boldsymbol{y}_1 \in W_1$ より

$$\boldsymbol{x}_1 - \boldsymbol{y}_1 \in W_1 \tag{5.6}$$

であり，さらに $\boldsymbol{x}_2, \boldsymbol{y}_2 \in W_2$ より

$$\boldsymbol{y}_2 - \boldsymbol{x}_2 \in W_2 \tag{5.7}$$

がいえる．よって式 (5.5)，(5.6)，(5.7) より

$$\boldsymbol{x}_1 - \boldsymbol{y}_1, \boldsymbol{y}_2 - \boldsymbol{x}_2 \in W_1 \cap W_2$$

が成り立つ．ところが仮定より $W_1 \cap W_2 = \{\mathbf{0}_V\}$ なので $\boldsymbol{x}_1 = \boldsymbol{y}_1$, $\boldsymbol{x}_2 = \boldsymbol{y}_2$ がいえ，目標が達成される．

(3) $\Longrightarrow$ (1) について

（線形写像となること） $W_1 \oplus W_2$ の任意の 2 つの元 $\boldsymbol{u}_1 \oplus \boldsymbol{u}_2, \boldsymbol{v}_1 \oplus \boldsymbol{v}_2$ と任意の 2 つの実数 r, s に対して

$$
\begin{aligned}
g(r(\boldsymbol{u}_1 \oplus \boldsymbol{u}_2) + s(\boldsymbol{v}_1 \oplus \boldsymbol{v}_2)) &= g((r\boldsymbol{u}_1) \oplus (r\boldsymbol{u}_2) + (s\boldsymbol{v}_1) \oplus (s\boldsymbol{v}_2)) \\
&= g((r\boldsymbol{u}_1 + s\boldsymbol{v}_1) \oplus (r\boldsymbol{u}_2 + s\boldsymbol{v}_2)) \\
&= r\boldsymbol{u}_1 + s\boldsymbol{v}_1 + r\boldsymbol{u}_2 + s\boldsymbol{v}_2 \\
&= r(\boldsymbol{u}_1 + \boldsymbol{u}_2) + s(\boldsymbol{v}_1 + \boldsymbol{v}_2) \\
&= rg(\boldsymbol{u}_1 \oplus \boldsymbol{u}_2) + sg(\boldsymbol{v}_1 \oplus \boldsymbol{v}_2)
\end{aligned}
$$

となることがわかる．したがって命題 5.4 より g は線形写像である．

（$\boldsymbol{g}$ が全射になること）

$W_1 + W_2$ の任意の元 $\boldsymbol{w}$ をとってくる．このとき $W_1 + W_2$ の定義より，W_1 の元 $\boldsymbol{w}_1$ と W_2 の元 $\boldsymbol{w}_2$ で $\boldsymbol{w} = \boldsymbol{w}_1 + \boldsymbol{w}_2$ となるものが存在する．すると $\boldsymbol{w}_1 \oplus \boldsymbol{w}_2 \in W_1 \oplus W_2$ であり，かつ写像 g の定義より $g(\boldsymbol{w}_1 \oplus \boldsymbol{w}_2) = \boldsymbol{w}_1 + \boldsymbol{w}_2 = \boldsymbol{w}$ がいえる．したがって g は全射である．

（$\boldsymbol{g}$ が単射になること）

定理 5.17 より以下を示せばよい．

（目標） $g(\boldsymbol{u}) = \mathbf{0}_{W_1+W_2}$ なら $\boldsymbol{u} = \mathbf{0}_{W_1 \oplus W_2}$ を示す．

$\boldsymbol{u} \in W_1 \oplus W_2$ より $\boldsymbol{u} = \boldsymbol{w}_1 \oplus \boldsymbol{w}_2 (\boldsymbol{w}_1 \in W_1,\ \boldsymbol{w}_2 \in W_2)$ とかける．写像 g の定義より $g(\boldsymbol{u}) = \boldsymbol{w}_1 + \boldsymbol{w}_2$ となる．また $\mathbf{0}_{W_1+W_2} = \mathbf{0}_V$, $\mathbf{0}_{W_1} = \mathbf{0}_V$, $\mathbf{0}_{W_2} = \mathbf{0}_V$ であることに注意すると，$\boldsymbol{w}_1 + \boldsymbol{w}_2 = g(\boldsymbol{u}) = \mathbf{0}_{W_1+W_2} = \mathbf{0}_V = \mathbf{0}_V + \mathbf{0}_V = \mathbf{0}_{W_1} + \mathbf{0}_{W_2}$ がいえる．ここで仮定している条件 (3) を使うと $\boldsymbol{w}_1 = \mathbf{0}_{W_1}$, $\boldsymbol{w}_2 = \mathbf{0}_{W_2}$ がいえる．よって $\boldsymbol{u} = \boldsymbol{w}_1 \oplus \boldsymbol{w}_2 = \mathbf{0}_{W_1} \oplus \mathbf{0}_{W_2} = \mathbf{0}_{W_1 \oplus W_2}$ がいえ，目標が示された． □

線形写像の次元定理

ここでは線形写像が与えられたときの次元の関係を見てみよう．

定理 5.26

V_1 と V_2 を $\mathbb{R}$ 上の有限次元ベクトル空間，$f : V_1 \to V_2$ を線形写像とする．このとき

$$\dim V_1 = \dim \mathrm{Ker}(f) + \dim \mathrm{Im}(f)$$

が成り立つ．

［証明］　この証明は以下の 3 つの手順で行われる．

（**手順 1**）　ベクトル空間 V_1 の基底を，V_1 の部分ベクトル空間である $\mathrm{Ker}(f)$ の基底を含むようにとる．

定理 4.17 (2),(3) よりこれは可能である．そこで

$$\{\boldsymbol{u}_1, \ldots, \boldsymbol{u}_r, \boldsymbol{k}_1, \ldots, \boldsymbol{k}_s\}$$

を V_1 の基底とし，そのうち

$$\{\boldsymbol{k}_1, \ldots, \boldsymbol{k}_s\}$$

が $\mathrm{Ker}(f)$ の基底とする．ここで $\dim V_1 = r + s$, $\dim \mathrm{Ker}(f) = s$ であることに注意する．

（**手順 2**）　次の r 個のベクトルの組

$$\{f(\boldsymbol{u}_1), \ldots, f(\boldsymbol{u}_r)\}$$

が，ベクトル空間 $\mathrm{Im}(f)$ の基底となることを示す．

このためには次のことを示せばよい．

> (I) $\mathrm{Im}(f) = \langle f(\boldsymbol{u}_1), \ldots, f(\boldsymbol{u}_r) \rangle$ となること．
> (II) $f(\boldsymbol{u}_1), \ldots, f(\boldsymbol{u}_r)$ が一次独立となること．

[(I) の証明]　集合の "=" を示すので，両方向の包含関係，つまり

$$\mathrm{Im}(f) \supset \langle f(\boldsymbol{u}_1), \ldots, f(\boldsymbol{u}_r) \rangle \tag{5.8}$$

$$\mathrm{Im}(f) \subset \langle f(\boldsymbol{u}_1), \ldots, f(\boldsymbol{u}_r) \rangle \tag{5.9}$$

を示せばよい．

式 (5.8) について

各 i に対して $f(\boldsymbol{u}_i)$ は $\mathrm{Im}(f)$ の元であり，かつ $\mathrm{Im}(f)$ は $\mathbb{R}$ 上のベクトル空間より任意の実数 a_i に対して，$\displaystyle\sum_{i=1}^{r} a_i f(\boldsymbol{u}_i)$ は $\mathrm{Im}(f)$ の元になる．よって $\langle f(\boldsymbol{u}_1), \ldots, f(\boldsymbol{u}_r) \rangle$ の定義から式 (5.8) はいえる．

式 (5.9) について

$\mathrm{Im}(f)$ の任意の元 $\boldsymbol{v}$ をとってくる．このとき $\boldsymbol{v}$ が $\langle f(\boldsymbol{u}_1), \ldots, f(\boldsymbol{u}_r) \rangle$ に入ればよいので，次を示すことが目標になる．

> **(目標)**　ある実数 $b_1, \ldots, b_r$ を使って
>
> $$\sum_{j=1}^{r} b_j f(\boldsymbol{u}_j) = \boldsymbol{v}$$
>
> と書けること．

まず $\boldsymbol{v}$ は $\mathrm{Im}(f)$ の元より，V_1 のある元 $\boldsymbol{w}$ を用いて

$$\boldsymbol{v} = f(\boldsymbol{w})$$

と書くことができる．

次に，$\boldsymbol{w}$ は V_1 の元なので，この証明の最初で設定した V_1 の基底

$$\boldsymbol{u}_1, \ldots, \boldsymbol{u}_r, \boldsymbol{k}_1, \ldots, \boldsymbol{k}_s$$

を用いると，ある実数 $b_1, \ldots, b_r, c_1, \ldots, c_s$ を使って

$$\boldsymbol{w} = \sum_{j=1}^{r} b_j \boldsymbol{u}_j + \sum_{m=1}^{s} c_m \boldsymbol{k}_m$$

と書ける．したがって f が線形写像であることを使うと次のように変形できる．

$$\begin{aligned} f(\boldsymbol{w}) &= f\left(\sum_{j=1}^{r} b_j \boldsymbol{u}_j + \sum_{m=1}^{s} c_m \boldsymbol{k}_m\right) \\ &= f\left(\sum_{j=1}^{r} b_j \boldsymbol{u}_j\right) + f\left(\sum_{m=1}^{s} c_m \boldsymbol{k}_m\right) \\ &= \sum_{j=1}^{r} f(b_j \boldsymbol{u}_j) + \sum_{m=1}^{s} f(c_m \boldsymbol{k}_m) \\ &= \sum_{j=1}^{r} b_j f(\boldsymbol{u}_j) + \sum_{m=1}^{s} c_m f(\boldsymbol{k}_m). \end{aligned}$$

ここで

$$\sum_{m=1}^{s} c_m f(\boldsymbol{k}_m)$$

の項を考える．今，$\boldsymbol{k}_m$ は $\mathrm{Ker}(f)$ の元であったので，各 m に対して

$$f(\boldsymbol{k}_m) = \boldsymbol{0}_{V_2}$$

がいえる．したがって第１章の零元の性質 (ii) を用いると

$$\sum_{m=1}^{s} c_m f(\boldsymbol{k}_m) = \sum_{m=1}^{s} c_m \boldsymbol{0}_{V_2} = \boldsymbol{0}_{V_2}$$

がいえる．これより

$$\boldsymbol{v} = f(\boldsymbol{w}) = \sum_{j=1}^{r} b_j f(\boldsymbol{u}_j) + \sum_{m=1}^{s} c_m f(\boldsymbol{k}_m) = \sum_{j=1}^{r} b_j f(\boldsymbol{u}_j)$$

がいえたので目標が達成された．以上より (I) が示された．

［**(II)** の証明］ (II) を示すためには以下のことを示せばよい．

> （目標） もし実数 $a_1, \ldots, a_r$ に対して $a_1 f(\boldsymbol{u}_1) + \cdots + a_r f(\boldsymbol{u}_r) = \mathbf{0}_{V_2}$ ならば，$a_1 = \cdots = a_r = 0$ となる．

まず f が線形写像であることを用いて次のように変形する．

$$\begin{aligned}\mathbf{0}_{V_2} &= a_1 f(\boldsymbol{u}_1) + \cdots + a_r f(\boldsymbol{u}_r) \\ &= f(a_1\boldsymbol{u}_1) + \cdots + f(a_r\boldsymbol{u}_r) \\ &= f(a_1\boldsymbol{u}_1 + \cdots + a_r\boldsymbol{u}_r)\end{aligned}$$

ここで $\mathrm{Ker}(f)$ の定義を思い出すと $a_1\boldsymbol{u}_1 + \cdots + a_r\boldsymbol{u}_r \in \mathrm{Ker}(f)$ となることがわかる．よって，元 $a_1\boldsymbol{u}_1 + \cdots + a_r\boldsymbol{u}_r$ は $\mathrm{Ker}(f)$ の基底 $\{\boldsymbol{k}_1, \ldots, \boldsymbol{k}_s\}$ と実数 $d_1, \ldots, d_s$ を用いて次のように表現できる．

$$a_1\boldsymbol{u}_1 + \cdots + a_r\boldsymbol{u}_r = d_1\boldsymbol{k}_1 + \cdots + d_s\boldsymbol{k}_s$$

右辺の項を左辺に移項し，$e_i = -d_i$ と置き直すと

$$a_1\boldsymbol{u}_1 + \cdots + a_r\boldsymbol{u}_r + e_1\boldsymbol{k}_1 + \cdots + e_s\boldsymbol{k}_s = \mathbf{0}_{V_1}$$

となる．ところが仮定より $\{\boldsymbol{u}_1, \ldots, \boldsymbol{u}_r, \boldsymbol{k}_1, \ldots, \boldsymbol{k}_s\}$ は V_1 の基底であり，特にこれらは一次独立である．よって，一次独立の定義より $a_1 = \cdots = a_r = 0$ かつ $e_1 = \cdots = e_s = 0$ である．特に $a_1 = \cdots = a_r = 0$ がいえるので目標がいえ，(II) が示された．

（手順 3）（手順 1）から

$$\dim V_1 = r + s = r + \dim \mathrm{Ker}(f)$$

がいえ，さらに（手順 2）から

$$\dim \mathrm{Im}(f) = r$$

がいえる．したがって

$$\dim V_1 = r + \dim \mathrm{Ker}(f) = \dim \mathrm{Im}(f) + \dim \mathrm{Ker}(f)$$

がいえる．

以上の（手順 1）から（手順 3）により定理 5.26 が証明された．　□

線形写像の合成に関しては，次のことがいえる．

命題 5.27

U，V，W を $\mathbb{R}$ 上の有限次元ベクトル空間，$f : U \to V$，$g : V \to W$ を線形写像とする．

(1)　もし f が全射ならば

$$\mathrm{Im}(g \circ f) = \mathrm{Im}(g)$$

が成り立つ．特に

$$\dim \mathrm{Im}(g \circ f) = \dim \mathrm{Im}(g)$$

が成り立つ．

(2)　もし g が単射ならば

$$\dim \mathrm{Im}(f) = \dim \mathrm{Im}(g \circ f)$$

が成り立つ．

[証明] (1) まず，次に注意する．

$$\mathrm{Im}(g \circ f) = \{g(f(\boldsymbol{x})) \mid \boldsymbol{x} \in U\}, \quad \mathrm{Im}(g) = \{g(\boldsymbol{y}) \mid \boldsymbol{y} \in V\}$$

次を示すことが目標である．

（目標） (a) $\mathrm{Im}(g \circ f) \subset \mathrm{Im}(g)$, (b) $\mathrm{Im}(g \circ f) \supset \mathrm{Im}(g)$

(a) について

$\mathrm{Im}(g\circ f)$ の任意の元 $\boldsymbol{u}$ は U のある元 $\boldsymbol{w}$ を用いて $\boldsymbol{u} = (g\circ f)(\boldsymbol{w}) = g(f(\boldsymbol{w}))$ と書けるので，$\boldsymbol{u} \in \mathrm{Im}(g)$ である．よって $\mathrm{Im}(g\circ f) \subset \mathrm{Im}(g)$ がいえる．

(b) について

$\mathrm{Im}(g)$ の任意の元 $\boldsymbol{z}$ をとると，$\mathrm{Im}(g)$ の定義から V のある元 $\boldsymbol{y}$ で $\boldsymbol{z} = g(\boldsymbol{y})$ をみたすものが存在する．また，$\boldsymbol{y} \in V$ であり，さらに f は仮定より全射なので U のある元 $\boldsymbol{x}$ で，$\boldsymbol{y} = f(\boldsymbol{x})$ なるものが存在する．よって，

$$\boldsymbol{z} = g(\boldsymbol{y}) = g(f(\boldsymbol{x})) = (g \circ f)(\boldsymbol{x}) \in \mathrm{Im}(g \circ f)$$

となる．以上より (b) が示された．したがって (1) が示された．

(2) まず，$V' = \mathrm{Im}(f)$ とおくと，定理 5.21 (2) より V' は V の部分ベクトル空間である．次に写像 g の V' への制限写像

$$g_{V'} : V' \to W$$

を次のように定義する[4]：

$$V' \text{ の任意の元 } \boldsymbol{x} \text{ に対して } g_{V'}(\boldsymbol{x}) = g(\boldsymbol{x}) \tag{5.10}$$

このとき，次がいえる．

4) $j : V' \to V$ を包含写像とするとき，$g_{V'}$ は $g \circ j$ のこと．

補題 5.28

$g_{V'}$ は単射線形写像となる．

［証明］ (I) まず $\boldsymbol{g_{V'}}$ が線形写像であることを示す．

これについては，写像 $g_{V'}$ の定義 (5.10) と次の 2 つの事実を用いるといえる．

(i) V' が V の部分集合である．(ii) $g : V \to W$ は線形写像である．

(II) 次に，$\boldsymbol{g_{V'}}$ が単射であることを示す．

このためには次を示せばよい．

> V' の2つの元 $\boldsymbol{v}_1$，$\boldsymbol{v}_2$ が，$g_{V'}(\boldsymbol{v}_1) = g_{V'}(\boldsymbol{v}_2)$ をみたすならば，$\boldsymbol{v}_1 = \boldsymbol{v}_2$ となる．

これについても，写像 $g_{V'}$ の定義 (5.10) と次の 2 つの事実を用いるといえる．

(i) V' は V の部分集合．(ii) $g : V \to W$ は仮定より単射．

以上より補題 5.28 が示された．□

補題 5.28 と定理 5.17 より $\mathrm{Ker}(g_{V'}) = \{\mathbf{0}_{V'}\}$ がいえる．また定理 5.26 より

$$\dim V' = \dim \mathrm{Ker}(g_{V'}) + \dim \mathrm{Im}(g_{V'})$$

がいえるので

$$\begin{aligned}\dim V' &= \dim \mathrm{Ker}(g_{V'}) + \dim \mathrm{Im}(g_{V'}) \\ &= 0 + \dim \mathrm{Im}(g_{V'}) \\ &= \dim \mathrm{Im}(g_{V'})\end{aligned}$$

他方，仮定より $V' = \mathrm{Im}(f)$ であり，かつ (5.10) より $\mathrm{Im}(g_{V'}) = \mathrm{Im}(g \circ f)$ がいえる．したがって

$$\dim \mathrm{Im}(g \circ f) = \dim \mathrm{Im}(g_{V'}) = \dim V' = \dim \mathrm{Im}(f)$$

となる．以上より示された． □

5.4　行列で定義される線形写像の像の次元と階数との関係

定理 5.29

A を $n \times m$ 行列，写像 $m_A : \mathbb{R}^m \to \mathbb{R}^n$ を定義 5.12 で定義される写像とする．このとき

$$\dim \mathrm{Im}(m_A) = \mathrm{rank}\, A$$

が成り立つ．

[証明]　A の階数を r とする．このとき [5, 系 4.16]（付録参照）より次がいえる：

ある n 次正則行列 P と m 次正則行列 Q で，次の関係式をみたすものが存在する．

$$PAQ = \begin{pmatrix} \overbrace{1 & 0 & \cdots & \cdots & 0}^{r} & 0 & \cdots & 0 \\ 0 & 1 & 0 & \cdots & 0 & \vdots & \vdots & \vdots \\ \vdots & 0 & \ddots & \ddots & \vdots & \vdots & \vdots & \vdots \\ \vdots & \vdots & \ddots & 1 & 0 & \vdots & \vdots & \vdots \\ 0 & 0 & \cdots & 0 & 1 & 0 & \cdots & 0 \\ 0 & \cdots & \cdots & \cdots & 0 & 0 & \cdots & 0 \\ \vdots & \vdots & \vdots & \vdots & \vdots & \vdots & \vdots & \vdots \\ 0 & \cdots & \cdots & \cdots & 0 & 0 & \cdots & 0 \end{pmatrix} \left.\vphantom{\begin{matrix} 1\\0\\ \vdots \\ \vdots \\ 0 \end{matrix}}\right\} r \tag{5.11}$$

ここで等式 (5.11) の右辺の $n \times m$ 行列を B とおく．すると階数の定義より r が B の階数となる．また [5, 定理 4.21]（付録参照）より

$$\mathrm{rank}\ A = \mathrm{rank}\ B = r \tag{5.12}$$

さらに式 (5.11) から次の等式が成り立つことがわかる．

$$m_P \circ m_A \circ m_Q = m_B \tag{5.13}$$

ここで P と Q は正則行列なので m_P と m_Q は同型写像となる．とくに m_P は単射であり，m_Q は全射である．したがって命題 5.27 (2) において $f = m_A$, $g = m_P$ とおくことにより

$$\dim \mathrm{Im}(m_P \circ m_A) = \dim \mathrm{Im}(m_A) \tag{5.14}$$

がいえる．また命題 5.27 (1) において $f = m_Q$, $g = m_P \circ m_A$ とおくことにより

$$\dim \mathrm{Im}(m_P \circ m_A \circ m_Q) = \dim \mathrm{Im}(m_P \circ m_A) \tag{5.15}$$

がいえる．よって式 (5.13)，(5.14)，(5.15) より

$$\dim \mathrm{Im}(m_A) = \dim \mathrm{Im}(m_B) \tag{5.16}$$

がいえる．ところが，

$$\mathrm{Im}(m_B) = \left\{ B \begin{pmatrix} x_1 \\ \vdots \\ x_m \end{pmatrix} \middle| \; x_1, \ldots, x_m \in \mathbb{R} \right\}$$

$$= \left\{ \begin{pmatrix} x_1 \\ \vdots \\ x_r \\ 0 \\ \vdots \\ 0 \end{pmatrix} \middle| \; x_1, \ldots, x_r \in \mathbb{R} \right\}$$

であり，$\mathrm{Im}(m_B)$ の任意の元は

$$\begin{pmatrix} x_1 \\ x_2 \\ \vdots \\ x_r \\ 0 \\ \vdots \\ 0 \end{pmatrix} = x_1 \begin{pmatrix} 1 \\ 0 \\ \vdots \\ \vdots \\ \vdots \\ \vdots \\ 0 \end{pmatrix} + x_2 \begin{pmatrix} 0 \\ 1 \\ 0 \\ \vdots \\ \vdots \\ \vdots \\ 0 \end{pmatrix} + \cdots + x_r \begin{pmatrix} 0 \\ \vdots \\ 0 \\ 1 \\ 0 \\ \vdots \\ 0 \end{pmatrix} \leftarrow r \text{ 行目}$$

$$= x_1 \boldsymbol{e}_1 + x_2 \boldsymbol{e}_2 + \cdots + x_r \boldsymbol{e}_r$$

とかけ，さらに問題 4.4(2) と命題 4.7 より $\boldsymbol{e}_1, \ldots, \boldsymbol{e}_r$ は一次独立となるので，$\dim \mathrm{Im}(m_B) = r$ となる．したがって，式 (5.12) と式 (5.16) を使うと

$$\mathrm{rank}\ A = \mathrm{rank}\ B = r = \dim \mathrm{Im}(m_B) = \dim \mathrm{Im}(m_A)$$

がいえて，定理 5.29 が証明された． □

系 5.30

n 次元数ベクトル空間 $\mathbb{R}^n$ の m 個の元 $\boldsymbol{a}_1, \ldots, \boldsymbol{a}_m$ で生成されるベクトル空間 $\langle \boldsymbol{a}_1, \ldots, \boldsymbol{a}_m \rangle$ を V とし，$n \times m$ 行列 A を $A = (\boldsymbol{a}_1 \ldots \boldsymbol{a}_m)$ とする．このとき次が成り立つ．

(1) $\dim V = \mathrm{rank}\ A$ となる．

(2) $n \geqq m$ かつ $\mathrm{rank} A = m$ ならば $\boldsymbol{a}_1, \ldots, \boldsymbol{a}_m$ は一次独立である．

(3) $n \geqq m$ かつ $\mathrm{rank} A < m$ ならば $\boldsymbol{a}_1, \ldots, \boldsymbol{a}_m$ は一次従属である．

[証明]　(1) V の定義を考えると次の等式がいえる．

$$V = \langle \boldsymbol{a}_1, \ldots, \boldsymbol{a}_m \rangle = \{x_1 \boldsymbol{a}_1 + \cdots + x_m \boldsymbol{a}_m \mid x_1, \ldots, x_m \in \mathbb{R}\}$$
$$= \left\{ A \begin{pmatrix} x_1 \\ \vdots \\ x_m \end{pmatrix} \;\middle|\; x_1, \ldots, x_m \in \mathbb{R} \right\}$$
$$= \{m_A \boldsymbol{x} \mid \boldsymbol{x} \in \mathbb{R}^m\} = \mathrm{Im}(m_A)$$

よって定理 5.29 より $\dim V = \dim \mathrm{Im}(m_A) = \mathrm{rank}\ A$ がいえる．

(2) 次を示せばよい．

$$\boxed{\sum_{i=1}^{m} r_i \boldsymbol{a}_i = \boldsymbol{0}_{\mathbb{R}^n} \text{ ならば } r_1 = \cdots = r_m = 0}$$

$\mathrm{rank} A = m$ より，ある n 次正則行列 P と，ある m 次正則行列 Q で

$$PAQ = \begin{pmatrix} E_m \\ O_{n-m,m} \end{pmatrix} \tag{5.17}$$

となるものが存在する．

$$\boldsymbol{r} = \begin{pmatrix} r_1 \\ \vdots \\ r_m \end{pmatrix}, \quad \boldsymbol{s} = Q^{-1}\boldsymbol{r}$$

とおくと仮定 $\displaystyle\sum_{i=1}^{m} r_i \boldsymbol{a}_i = \boldsymbol{0}_{\mathbb{R}^n}$ より $A\boldsymbol{r} = \displaystyle\sum_{i=1}^{m} r_i \boldsymbol{a}_i = \boldsymbol{0}_{\mathbb{R}^n}$ であり，さらに

$$\begin{aligned} PAQ\boldsymbol{s} &= PAQ(Q^{-1}\boldsymbol{r}) = PA(QQ^{-1})\boldsymbol{r} \\ &= PA\boldsymbol{r} = P\boldsymbol{0}_{\mathbb{R}^n} = \boldsymbol{0}_{\mathbb{R}^n} \end{aligned} \tag{5.18}$$

がいえる．ところが $\boldsymbol{s} = \begin{pmatrix} s_1 \\ \vdots \\ s_m \end{pmatrix}$ とおくと式 (5.17) より

$$PAQ\boldsymbol{s} = \begin{pmatrix} s_1 \\ \vdots \\ s_m \\ 0 \\ \vdots \\ 0 \end{pmatrix}$$

なので式 (5.18) より $s_1 = \cdots = s_m = 0$, つまり $\boldsymbol{s} = \boldsymbol{0}_{\mathbb{R}^n}$ がいえる．よって

$$\boldsymbol{r} = Q\boldsymbol{s} = Q\boldsymbol{0}_{\mathbb{R}^n} = \boldsymbol{0}_{\mathbb{R}^n}$$

となり，$r_1 = 0, \ldots, r_m = 0$ がいえる．

(3) 背理法で示す．もし $\boldsymbol{a}_1, \ldots, \boldsymbol{a}_m$ が一次独立なら次元の定義より $\dim V \geqq m$ となる．ところが仮定と (1) より $m > \mathrm{rank} A = \dim V$ となってしまい矛盾である．したがって示された． □

例題 5.31

4 次元数ベクトル空間 $\mathbb{R}^4$ の元

$$\boldsymbol{a} = \begin{pmatrix} 1 \\ -1 \\ 0 \\ 2 \end{pmatrix}, \boldsymbol{b} = \begin{pmatrix} 3 \\ 1 \\ 2 \\ 0 \end{pmatrix}, \boldsymbol{c} = \begin{pmatrix} 5 \\ -1 \\ 2 \\ 4 \end{pmatrix}, \boldsymbol{d} = \begin{pmatrix} 12 \\ 4 \\ 8 \\ 0 \end{pmatrix}$$

で生成される $\mathbb{R}$ 上のベクトル空間 $V = \langle \boldsymbol{a}, \boldsymbol{b}, \boldsymbol{c}, \boldsymbol{d} \rangle$ について以下の問いに答えよ．

(1) V の次元を求めよ．

(2) V の基底を一組求めよ．

[解答例]　(1) 次元を求める際には以下のようにすればよい．
まず $A = \begin{pmatrix} \boldsymbol{a} & \boldsymbol{b} & \boldsymbol{c} & \boldsymbol{d} \end{pmatrix}$ とおく．系 5.30 (1) より

$$\mathrm{rank}\ A = \dim V$$

がいえるので，行列 A の階数を求めると，$\mathrm{rank}(A) = 2$ である（各自計算してみよ）．したがって $\dim V = 2$ である．

(2) V の次元は 2 なので，定理 4.11 より V を生成する 2 つの元で一次独立なものを探せばよい．例えば $V_1 = \langle \boldsymbol{a}, \boldsymbol{b} \rangle$ とする．このとき V_1 の次元を計算する．$A_1 = (\boldsymbol{a}\ \boldsymbol{b})$ とおくと

$$A_1 = \begin{pmatrix} 1 & 3 \\ -1 & 1 \\ 0 & 2 \\ 2 & 0 \end{pmatrix} \longrightarrow \begin{pmatrix} 1 & 3 \\ 0 & 4 \\ 0 & 2 \\ 0 & -6 \end{pmatrix} \longrightarrow \begin{pmatrix} 1 & 3 \\ 0 & 1 \\ 0 & 0 \\ 0 & 0 \end{pmatrix}$$

より $\mathrm{rank}(A_1) = 2$ である．したがって系 5.30 (1) より $\dim V_1 =$

$\mathrm{rank}(A_1) = 2$ となる．さらに系 5.30 (2) より[5] $\boldsymbol{a}$ と $\boldsymbol{b}$ は一次独立となる．また V_1 は V の部分ベクトル空間であり，かつ $\dim V = 2 = \dim V_1$ である．したがって定理 4.17 (2) より $V = V_1$ となる．よって $V = \langle \boldsymbol{a}, \boldsymbol{b} \rangle$ であり，かつ $\boldsymbol{a}$ と $\boldsymbol{b}$ は一次独立なので，$\boldsymbol{a}$ と $\boldsymbol{b}$ は V の基底になる．　□

問題 5.32

4 次元数ベクトル空間 $\mathbb{R}^4$ の次の部分ベクトル空間を考える．

$$W_1 = \left\langle \begin{pmatrix} 1 \\ 1 \\ 0 \\ 1 \end{pmatrix}, \begin{pmatrix} 3 \\ 0 \\ 2 \\ 1 \end{pmatrix}, \begin{pmatrix} 0 \\ -2 \\ 2 \\ 3 \end{pmatrix} \right\rangle$$

$$W_2 = \left\langle \begin{pmatrix} 1 \\ 1 \\ -1 \\ 2 \end{pmatrix}, \begin{pmatrix} 0 \\ 1 \\ 0 \\ 1 \end{pmatrix}, \begin{pmatrix} 2 \\ -1 \\ -2 \\ 1 \end{pmatrix} \right\rangle$$

(1) $\dim(W_1 + W_2)$ を求めよ．

(2) $\dim(W_1 \cap W_2)$ を求めよ．

5.5　有限次元ベクトル空間の同型と次元との関係について

まず，有限次元ベクトル空間 V_1 と V_2 が同型であるときの次元の関係をみていく．

5)　系 5.30 (2) の m を 2 とすればよい．

定理 5.33

V_1 と V_2 を $\mathbb{R}$ 上の有限次元ベクトル空間とする．もし V_1 と V_2 が同型ならば，$\dim V_1 = \dim V_2$ である．

[証明]　まず仮定より，ある同型写像 $f : V_1 \to V_2$ が存在する．ここで $n = \dim V_1$ とし，さらに $\{\boldsymbol{u}_1, \ldots, \boldsymbol{u}_n\}$ を V_1 の基底とする．このとき示すべき目標は次のものである．

（目標）　$\{f(\boldsymbol{u}_1), \ldots, f(\boldsymbol{u}_n)\}$ は V_2 の基底となる．

以下でこの目標を次の2段階 (i)，(ii) に分けて示す．

(i) V_2 は $\{f(\boldsymbol{u}_1), \ldots, f(\boldsymbol{u}_n)\}$ で生成されること，つまり，V_2 の任意の元 $\boldsymbol{v}$ に対してある実数 $a_1, \ldots, a_n$ で

$$\boldsymbol{v} = a_1 f(\boldsymbol{u}_1) + \cdots + a_n f(\boldsymbol{u}_n)$$

なるものが存在することを示す．

(ii) $f(\boldsymbol{u}_1), \ldots, f(\boldsymbol{u}_n)$ が一次独立となることを示す．

(i) について

写像 f は全射なので V_2 の任意の元 $\boldsymbol{v}$ に対して，V_1 のある元 $\boldsymbol{w}$ で $f(\boldsymbol{w}) = \boldsymbol{v}$ なるものが存在する．また，$\{\boldsymbol{u}_1, \ldots, \boldsymbol{u}_n\}$ は V_1 の基底より，ある実数 $a_1, \ldots, a_n$ で

$$\boldsymbol{w} = a_1\boldsymbol{u}_1 + \cdots + a_n\boldsymbol{u}_n$$

なるものが存在する．ここで，f が線形写像であることを用いると

$$\boldsymbol{v} = f(\boldsymbol{w}) = f(a_1\boldsymbol{u}_1 + \cdots + a_n\boldsymbol{u}_n) = a_1 f(\boldsymbol{u}_1) + \cdots + a_n f(\boldsymbol{u}_n)$$

となり (i) が示された．

(ii) について

次を示せばよい．

> 実数 $b_1, \ldots, b_n$ に対して
>
> $$b_1 f(\boldsymbol{u}_1) + \cdots + b_n f(\boldsymbol{u}_n) = \mathbf{0}_{V_2} \tag{5.19}$$
>
> をみたすならば，$b_1 = 0, \ldots, b_n = 0$ となる．

仮定 (5.19) と，f が線形写像であることを用いると次がいえる．

$$\mathbf{0}_{V_2} = b_1 f(\boldsymbol{u}_1) + \cdots + b_n f(\boldsymbol{u}_n) = f(b_1\boldsymbol{u}_1 + \cdots + b_n\boldsymbol{u}_n)$$

また，$f(\mathbf{0}_{V_1}) = \mathbf{0}_{V_2}$ より $f(\mathbf{0}_{V_1}) = f(b_1\boldsymbol{u}_1 + \cdots + b_n\boldsymbol{u}_n)$ が成り立つ．さらに，f は単射なので，単射の定義から

$$\mathbf{0}_{V_1} = b_1\boldsymbol{u}_1 + \cdots + b_n\boldsymbol{u}_n$$

となる．ところが $\boldsymbol{u}_1, \ldots, \boldsymbol{u}_n$ は一次独立より $b_1 = 0, \ldots, b_n = 0$ がいえる．よって (ii) が示された．

以上より目標が示され，$\{f(\boldsymbol{u}_1), \ldots, f(\boldsymbol{u}_n)\}$ は V_2 の基底となることがわかった．ここで次元の定義を思い出すと，これより $\dim V_2 = n$ となることがわかる．したがって $\dim V_1 = n = \dim V_2$ となり，定理 5.33 が証明された．□

定理 5.33 の逆もいえる．それが次の定理である．

定理 5.34

V_1 と V_2 を $\mathbb{R}$ 上の有限次元ベクトル空間とし，さらに $\dim V_1 = \dim V_2 = n$ が成り立つとする．$\{\boldsymbol{u}_1, \ldots, \boldsymbol{u}_n\}$ を V_1 の基底，$\{\boldsymbol{w}_1, \ldots, \boldsymbol{w}_n\}$ を V_2 の基底とする．このとき，ある同型写像 $f : V_1 \to V_2$ で，任意の i に対して $f(\boldsymbol{u}_i) = \boldsymbol{w}_i$ をみたすものが存在する．

[証明] 題意をみたす線形写像をうまく作ってみよう．まず $\{\boldsymbol{u}_1, \ldots, \boldsymbol{u}_n\}$ は V_1 の基底であるので，定義から V_1 の任意の元 $\boldsymbol{u}$ は，ある実数 $a_1, \ldots, a_n$ を用いて

$$\boldsymbol{u} = a_1\boldsymbol{u}_1 + \cdots + a_n\boldsymbol{u}_n$$

と書けることに注意する．この事実を用いて，写像 $f : V_1 \to V_2$ を次のように定義してみよう．

$\boldsymbol{V_1}$ の任意の元 $\boldsymbol{u} = \boldsymbol{a_1 u_1} + \cdots + \boldsymbol{a_n u_n}$ に対し

$$\boldsymbol{f(u) = a_1 w_1 + \cdots + a_n w_n}$$

ここで $f(\boldsymbol{u})$ は V_2 の元であることに注意する．

あとは次のことを示せばよい．

(a) f は線形写像であること．
(b) f が全単射であること．
(c) 任意の i に対して，$f(\boldsymbol{u}_i) = \boldsymbol{w}_i$ が成り立つこと．

(a) について

命題 5.4 より，次を示せばよい．

V_1 の任意の 2 つの元 $\boldsymbol{s}, \boldsymbol{t}$ と任意の実数 c, d に対して

$$f(c\boldsymbol{s} + d\boldsymbol{t}) = cf(\boldsymbol{s}) + df(\boldsymbol{t})$$

が成り立つ．

これを示すために，まず V_1 の元 $\boldsymbol{s}$，$\boldsymbol{t}$ を V_1 の基底を用いて表す．

つまり，ある実数 $p_1, \ldots, p_n, q_1, \ldots, q_n$ を用いて

$$\boldsymbol{s} = p_1\boldsymbol{u}_1 + \cdots + p_n\boldsymbol{u}_n, \quad \boldsymbol{t} = q_1\boldsymbol{u}_1 + \cdots + q_n\boldsymbol{u}_n$$

と書くことができる．ここで

$$c\boldsymbol{s} + d\boldsymbol{t} = (cp_1 + dq_1)\boldsymbol{u}_1 + \cdots + (cp_n + dq_n)\boldsymbol{u}_n$$

であることに注意する．そこで写像の定義を考えると，

$$\begin{aligned} f(c\boldsymbol{s} + d\boldsymbol{t}) &= f((cp_1 + dq_1)\boldsymbol{u}_1 + \cdots + (cp_n + dq_n)\boldsymbol{u}_n) \\ &= (cp_1 + dq_1)\boldsymbol{w}_1 + \cdots + (cp_n + dq_n)\boldsymbol{w}_n \\ &= c(p_1\boldsymbol{w}_1 + \cdots + p_n\boldsymbol{w}_n) + d(q_1\boldsymbol{w}_1 + \cdots + q_n\boldsymbol{w}_n) \\ &= cf(p_1\boldsymbol{u}_1 + \cdots + p_n\boldsymbol{u}_n) + df(q_1\boldsymbol{u}_1 + \cdots + q_n\boldsymbol{u}_n) \\ &= cf(\boldsymbol{s}) + df(\boldsymbol{t}) \end{aligned}$$

以上より線形写像であることがいえた．

(b) について

（全射について）次のことがいえればよい．

> V_2 の任意の元 $\boldsymbol{w}$ に対して，V_1 のある元 $\boldsymbol{u}$ で $f(\boldsymbol{u}) = \boldsymbol{w}$ をみたすものが存在する．

まず，$\{\boldsymbol{w}_1, \ldots, \boldsymbol{w}_n\}$ は V_2 の基底なので，ある実数 $b_1, \ldots, b_n$ を用いて $\boldsymbol{w} = b_1\boldsymbol{w}_1 + \cdots + b_n\boldsymbol{w}_n$ と表すことができる．ここで

$$\boldsymbol{u} = b_1\boldsymbol{u}_1 + \cdots + b_n\boldsymbol{u}_n$$

とおくと，$\boldsymbol{u} \in V_1$ であり，さらに写像 f の定義より

$$f(\boldsymbol{u}) = f(b_1\boldsymbol{u}_1 + \cdots + b_n\boldsymbol{u}_n) = b_1\boldsymbol{w}_1 + \cdots + b_n\boldsymbol{w}_n = \boldsymbol{w}$$

がいえるので f が全射であることがいえた．

（単射について） (a) より f は線形写像なので，定理 5.17 より次がいえればよい．

V_1 の元 $\boldsymbol{u}$ が $f(\boldsymbol{u}) = \mathbf{0}_{V_2}$ をみたすならば，$\boldsymbol{u} = \mathbf{0}_{V_1}$ である．

V_1 の元 $\boldsymbol{u}$ は，ある実数 $a_1, \ldots, a_n$ を用いて

$$\boldsymbol{u} = a_1\boldsymbol{u}_1 + \cdots + a_n\boldsymbol{u}_n$$

と書けることに注意すると，

$$\begin{aligned}\mathbf{0}_{V_2} = f(\boldsymbol{u}) &= f(a_1\boldsymbol{u}_1 + \cdots + a_n\boldsymbol{u}_n) \\ &= a_1\boldsymbol{w}_1 + \cdots + a_n\boldsymbol{w}_n\end{aligned}$$

つまり $a_1\boldsymbol{w}_1 + \cdots + a_n\boldsymbol{w}_n = \mathbf{0}_{V_2}$ がいえる．しかし $\{\boldsymbol{w}_1, \ldots, \boldsymbol{w}_n\}$ が V_2 の基底であるので，定義から一次独立である．したがって，一次独立の定義から，$a_1 = 0, \ldots, a_n = 0$ がいえる．これより

$$\boldsymbol{u} = a_1\boldsymbol{u}_1 + \cdots + a_n\boldsymbol{u}_n = 0\boldsymbol{u}_1 + \cdots + 0\boldsymbol{u}_n = \mathbf{0}_{V_1}$$

となることがいえるので，単射も示された．

(c) について

写像 f の定義から

$$\begin{aligned}f(\boldsymbol{u}_i) &= f(0\boldsymbol{u}_1 + \cdots + 0\boldsymbol{u}_{i-1} + 1\boldsymbol{u}_i + 0\boldsymbol{u}_{i+1} + \cdots + 0\boldsymbol{u}_n) \\ &= 0\boldsymbol{w}_1 + \cdots + 0\boldsymbol{w}_{i-1} + 1\boldsymbol{w}_i + 0\boldsymbol{w}_{i+1} + \cdots + 0\boldsymbol{w}_n \\ &= \boldsymbol{w}_i\end{aligned}$$

がいえるので (c) も示された．

以上より定理 5.34 が証明された．　□

定理 5.33 と定理 5.34 より次のことがわかる．

$\mathbb{R}$ 上の有限次元ベクトル空間 V_1 と V_2 に対して V_1 と V_2 の次元が等しい $\Longleftrightarrow$ V_1 と V_2 は同型である．

第6章

線形写像の行列表示

この章での目的は $\mathbb{R}$ 上の有限次元ベクトル空間 V と W の基底を「順序をこめて」1組ずつ固定し，それらを用いて線形写像 $f: V \to W$ を行列表示し，さらにそれに関するいくつかの性質を調べることである．これにより線形写像の理論を行列の理論として取り扱うことが可能になる．

6.1　線形写像の行列表示の方法

V と W を $\mathbb{R}$ 上の有限次元ベクトル空間とし，$\dim V = m$, $\dim W = n$ とする．また $f : V \to W$ を線形写像とする．まずは線形写像の行列表示の方法の流れを見ておこう．

（流れ）

(i) V と W の基底を一組決め，その基底に順序をつける．

(ii) (i) で決めた順序付き基底に関する座標表示を与える．

(iii) 線形写像 f を (ii) における座標表示に関して行列表示する．

以下でこれらについて詳しく解説しよう．

流れ (i) について

まず V と W の基底をそれぞれ

$$\{\boldsymbol{v}_1, \ldots, \boldsymbol{v}_m\},\ \{\boldsymbol{w}_1, \ldots, \boldsymbol{w}_n\}$$

とする．次にこれらの基底に順序をつける．順序付き基底のときは丸括弧で表すことにする．つまり V の順序付きの基底を

$$\mathcal{V} = (\boldsymbol{v}_1, \ldots, \boldsymbol{v}_m)$$

また W の順序付き基底を

$$\mathcal{W} = (\boldsymbol{w}_1, \ldots, \boldsymbol{w}_n)$$

で表すことにする．

流れ (ii) について

V の任意の元 $\boldsymbol{v}$ に対して，基底 $\mathcal{V}$ を用いて

$$\boldsymbol{v} = a_1\boldsymbol{v}_1 + \cdots + a_m\boldsymbol{v}_m$$

と表す．ここで $a_1, \ldots, a_m$ は実数とする．このとき，$m \times 1$ の縦ベクトル $\begin{pmatrix} a_1 \\ \vdots \\ a_m \end{pmatrix}$ を **V の順序付き基底 $\mathcal{V}$ に関する $\boldsymbol{v}$ の座標表示**と呼ぶ．また W の任意の元 $\boldsymbol{w}$ に対して，基底 $\mathcal{W}$ を用いて

$$\boldsymbol{w} = b_1\boldsymbol{w}_1 + \cdots + b_n\boldsymbol{w}_n$$

と表す（$b_1, \ldots, b_n$ は実数）とき，W の順序付き基底 $\mathcal{W}$ に関する $\boldsymbol{w}$ の座標表示は $n \times 1$ の縦ベクトル $\begin{pmatrix} b_1 \\ \vdots \\ b_n \end{pmatrix}$ である．

注意 6.1 基底の順序を変えると座標表示も変わるので注意すること．例えば $m = 4$,

$$\mathcal{V} = (\boldsymbol{v}_1, \boldsymbol{v}_2, \boldsymbol{v}_3, \boldsymbol{v}_4), \quad \widetilde{\mathcal{V}} = (\boldsymbol{v}_2, \boldsymbol{v}_3, \boldsymbol{v}_4, \boldsymbol{v}_1)$$

とする．このとき，元 $\boldsymbol{v} = a\boldsymbol{v}_1 + b\boldsymbol{v}_2 + c\boldsymbol{v}_3 + d\boldsymbol{v}_4$ の $\mathcal{V}$ による座標表示は $\begin{pmatrix} a \\ b \\ c \\ d \end{pmatrix}$ となる．一方，$\widetilde{\mathcal{V}}$ による座標表示を考えると，

$\boldsymbol{v} = b\boldsymbol{v}_2 + c\boldsymbol{v}_3 + d\boldsymbol{v}_4 + a\boldsymbol{v}_1$ なので $\begin{pmatrix} b \\ c \\ d \\ a \end{pmatrix}$ となる．

例 6.2 V を n 次元数ベクトル空間 $\mathbb{R}^n$, $\{\boldsymbol{e}_1, \ldots, \boldsymbol{e}_n\}$ を $\mathbb{R}^n$ の標準基底とする．$\mathcal{V} = (\boldsymbol{e}_1, \ldots, \boldsymbol{e}_n)$ を V の順序付き基底とすると，V の

任意の元 $\boldsymbol{x} = \begin{pmatrix} x_1 \\ \vdots \\ x_n \end{pmatrix}$ に対して $\boldsymbol{x} = x_1\boldsymbol{e}_1 + \cdots + x_n\boldsymbol{e}_n$ と書けるので，$\mathcal{V}$ に関する $\boldsymbol{x}$ の座標表示は $\begin{pmatrix} x_1 \\ \vdots \\ x_n \end{pmatrix}$ となる．

つまり $\mathbb{R}^n$ の元 $\boldsymbol{x}$ の座標は順序付き基底 $(\boldsymbol{e}_1, \ldots, \boldsymbol{e}_n)$ に関する座標表示とみなすことができる．

流れ (iii) について

V の順序付き基底 $\mathcal{V}$ と W の順序付き基底 $\mathcal{W}$ に関して線形写像 f を座標表示することを考える．いま f は線形写像なので

$$
\begin{aligned}
f(\boldsymbol{v}) &= f(a_1\boldsymbol{v}_1 + \cdots + a_m\boldsymbol{v}_m) \\
&= a_1 f(\boldsymbol{v}_1) + \cdots + a_m f(\boldsymbol{v}_m)
\end{aligned}
$$

が成立する．ここで，各 i に対して，$f(\boldsymbol{v}_i) \in W$ なので，次の関係をみたすような実数

$$
b_{11}, b_{12}, \ldots, b_{1m}, b_{21}, b_{22}, \ldots, b_{2m}, \ldots, b_{n1}, b_{n2}, \ldots, b_{nm}
$$

が存在する：

$$
(\clubsuit)\begin{cases}
f(\boldsymbol{v}_1) = b_{11}\boldsymbol{w}_1 + b_{21}\boldsymbol{w}_2 + \cdots + b_{n1}\boldsymbol{w}_n \\
f(\boldsymbol{v}_2) = b_{12}\boldsymbol{w}_1 + b_{22}\boldsymbol{w}_2 + \cdots + b_{n2}\boldsymbol{w}_n \\
\qquad\qquad\vdots \\
f(\boldsymbol{v}_m) = b_{1m}\boldsymbol{w}_1 + b_{2m}\boldsymbol{w}_2 + \cdots + b_{nm}\boldsymbol{w}_n
\end{cases}
$$

(♣) を用いることにより

$$\begin{aligned}
f(\boldsymbol{v}) &= a_1 f(\boldsymbol{v}_1) + a_2 f(\boldsymbol{v}_2) + \cdots + a_m f(\boldsymbol{v}_m) \\
&= a_1(b_{11}\boldsymbol{w}_1 + b_{21}\boldsymbol{w}_2 + \cdots + b_{n1}\boldsymbol{w}_n) \\
&\quad + a_2(b_{12}\boldsymbol{w}_1 + b_{22}\boldsymbol{w}_2 + \cdots + b_{n2}\boldsymbol{w}_n) \\
&\quad + \cdots + a_m(b_{1m}\boldsymbol{w}_1 + b_{2m}\boldsymbol{w}_2 + \cdots + b_{nm}\boldsymbol{w}_n) \\
&= (b_{11}a_1 + b_{12}a_2 + \cdots + b_{1m}a_m)\boldsymbol{w}_1 \\
&\quad + (b_{21}a_1 + b_{22}a_2 + \cdots + b_{2m}a_m)\boldsymbol{w}_2 \\
&\quad + \cdots + (b_{n1}a_1 + b_{n2}a_2 + \cdots + b_{nm}a_m)\boldsymbol{w}_n \\
&= \left(\sum_{j=1}^{m} b_{1j}a_j\right)\boldsymbol{w}_1 + \left(\sum_{j=1}^{m} b_{2j}a_j\right)\boldsymbol{w}_2 \\
&\quad + \cdots + \left(\sum_{j=1}^{m} b_{nj}a_j\right)\boldsymbol{w}_n
\end{aligned}$$

と書ける．したがって順序付き基底 $\mathcal{W}$ による $f(\boldsymbol{v})$ の座標表示は

$$\begin{pmatrix} \displaystyle\sum_{j=1}^{m} b_{1j}a_j \\ \displaystyle\sum_{j=1}^{m} b_{2j}a_j \\ \vdots \\ \displaystyle\sum_{j=1}^{m} b_{nj}a_j \end{pmatrix}$$

である．ここで，この縦ベクトルは次のように表すことができる．

$$\begin{pmatrix} \displaystyle\sum_{j=1}^{m} b_{1j}a_j \\ \displaystyle\sum_{j=1}^{m} b_{2j}a_j \\ \vdots \\ \displaystyle\sum_{j=1}^{m} b_{nj}a_j \end{pmatrix} = \begin{pmatrix} b_{11} & b_{12} & \cdots & b_{1m} \\ b_{21} & b_{22} & \cdots & b_{2m} \\ \vdots & \vdots & \ddots & \vdots \\ b_{n1} & b_{n2} & \cdots & b_{nm} \end{pmatrix} \begin{pmatrix} a_1 \\ a_2 \\ \vdots \\ a_m \end{pmatrix}$$

ここで右辺を $B\begin{pmatrix} a_1 \\ a_2 \\ \vdots \\ a_m \end{pmatrix}$ と表したとき，$n \times m$-行列 B を順序付き基底 $\boldsymbol{\mathcal{V}}$, $\boldsymbol{\mathcal{W}}$ に関する線形写像 $\boldsymbol{f}$ の表現行列 (**representation matrix**) と呼ぶ.

注意 6.3　(1) $f(\boldsymbol{v}_1), \ldots, f(\boldsymbol{v}_m)$ は $\boldsymbol{w}_1, \ldots, \boldsymbol{w}_n$ により一意的に表される（(♣) を見よ）ので，順序付き基底 $\mathcal{V}$, $\mathcal{W}$ に関する f の表現行列はその作り方より一意に決まる.

(2) 上の状況で，もし $W = V$ であり，かつ $\mathcal{W} = \mathcal{V}$ のとき，順序付き基底 $\mathcal{V}$, $\mathcal{W}$ に関する線形写像 f の表現行列のことを単に，

順序付き基底 $\boldsymbol{\mathcal{V}}$ に関する線形写像 $\boldsymbol{f}$ の表現行列

と呼ぶことにする.

例題 6.4

集合 $P(3, \mathbb{R})$, $P(2, \mathbb{R})$ を 2.3 節の意味で $\mathbb{R}$ 上のベクトル空間と考える．このとき，写像 $F : P(3, \mathbb{R}) \to P(2, \mathbb{R})$ を次で定義する（ただし各 a_i は実数とする).

$$F\left(\sum_{i=0}^{3} a_i X^i\right) = (a_2 - a_3)X^2 + (a_0 + 2a_1)X$$

(1) F は線形写像となることを示せ.

(2) $P(3, \mathbb{R})$ の順序付き基底として $\mathcal{V} = (1, X, X^2, X^3)$, $P(2, \mathbb{R})$ の順序付き基底として $\mathcal{W} = (1, 1 + X, 1 + X + X^2)$ をとる[1)]．このとき，この基底に関する F の表現行列を求めよ.

1)　$\mathcal{V}$, $\mathcal{W}$ がそれぞれ $P(3, \mathbb{R})$, $P(2, \mathbb{R})$ の基底になることを各自確認せよ.

[解答例] (1) $P(3,\mathbb{R})$ の任意の元

$$f(X)=\sum_{i=0}^{3} b_i X^i,\quad g(X)=\sum_{i=0}^{3} c_i X^i$$

と任意の実数 λ, μ に対して

$$\begin{aligned}
&F(\lambda f(X)+\mu g(X))\\
&=F\left(\lambda\sum_{i=0}^{3} b_i X^i+\mu\sum_{i=0}^{3} c_i X^i\right)=F\left(\sum_{i=0}^{3}(\lambda b_i+\mu c_i)X^i\right)\\
&=((\lambda b_2+\mu c_2)-(\lambda b_3+\mu c_3))X^2+((\lambda b_0+\mu c_0)+2(\lambda b_1+\mu c_1))X\\
&=(\lambda(b_2-b_3)+\mu(c_2-c_3))X^2+(\lambda(b_0+2b_1)+\mu(c_0+2c_1))X\\
&=\lambda\{(b_2-b_3)X^2+(b_0+2b_1)X\}+\mu\{(c_2-c_3)X^2+(c_0+2c_1)X\}\\
&=\lambda F(f(X))+\mu F(g(X))
\end{aligned}$$

したがって命題 5.4 より F は線形写像である．

(2) $P(3,\mathbb{R})$ の任意の元 $f(X)=\displaystyle\sum_{i=0}^{3} a_i X^i$ をとる．このとき基底 $\mathcal{V}$ に関する $f(X)$ の座標表示は $\begin{pmatrix} a_0\\ a_1\\ a_2\\ a_3\end{pmatrix}$ である．また

$$\begin{aligned}
F(f(X))&=(a_2-a_3)X^2+(a_0+2a_1)X\\
&=-a_0-2a_1+(a_0+2a_1-a_2+a_3)(1+X)\\
&\quad+(a_2-a_3)(1+X+X^2)
\end{aligned}$$

より，$\mathcal{W}$ に関する $F(f(X))$ の座標表示は $\begin{pmatrix} -a_0-2a_1\\ a_0+2a_1-a_2+a_3\\ a_2-a_3\end{pmatrix}$ となる．よって $\mathcal{V}$, $\mathcal{W}$ に関する F の表現行列を A とすると

$$\begin{pmatrix} -a_0 - 2a_1 \\ a_0 + 2a_1 - a_2 + a_3 \\ a_2 - a_3 \end{pmatrix} = A \begin{pmatrix} a_0 \\ a_1 \\ a_2 \\ a_3 \end{pmatrix}$$

となるので

$$A = \begin{pmatrix} -1 & -2 & 0 & 0 \\ 1 & 2 & -1 & 1 \\ 0 & 0 & 1 & -1 \end{pmatrix}$$

となることがわかる．□

問題 6.5

$V = W = M(2, \mathbb{R})$ とし，写像 $f : V \to W$ を次のように定義する：V の任意の元 $\begin{pmatrix} a & b \\ c & d \end{pmatrix}$ に対して

$$f\left(\begin{pmatrix} a & b \\ c & d \end{pmatrix}\right) = \begin{pmatrix} a+d & b+c \\ b-c & a-d \end{pmatrix}$$

また V の順序付き基底として[2)]

$$\mathcal{V} = \left(\begin{pmatrix} 1 & 1 \\ 1 & 0 \end{pmatrix}, \begin{pmatrix} 1 & 0 \\ 1 & 1 \end{pmatrix}, \begin{pmatrix} 0 & 1 \\ 1 & 1 \end{pmatrix}, \begin{pmatrix} 1 & 1 \\ 0 & 1 \end{pmatrix}\right)$$

W の順序付き基底として

$$\mathcal{W} = \left(\begin{pmatrix} 1 & 0 \\ 0 & 0 \end{pmatrix}, \begin{pmatrix} 0 & 1 \\ 0 & 0 \end{pmatrix}, \begin{pmatrix} 0 & 0 \\ 1 & 0 \end{pmatrix}, \begin{pmatrix} 0 & 0 \\ 0 & 1 \end{pmatrix}\right)$$

2) 問題 4.30 も参照せよ．

をとる．

(1) f は線形写像であることを示せ．

(2) 順序付き基底 $\mathcal{V}$ と $\mathcal{W}$ に関する線形写像 f の表現行列を求めよ．

問題 6.6

V を $\mathbb{R}$ 上の n 次元ベクトル空間，$\mathcal{V}$ を V の任意の順序付き基底とする．また $\mathrm{id}_V : V \to V$ を恒等写像，つまり V の任意の元 $\boldsymbol{v}$ に対して $\mathrm{id}_V(\boldsymbol{v}) = \boldsymbol{v}$ とする．このとき V の順序付き基底 $\mathcal{V}$ に関する id_V の表現行列は，n 次単位行列 E_n となることを示せ．

線形写像とその表現行列との関係

ここでは線形写像とその表現行列との間の関係を調べる．そのために次の写像を定義する．

定義 6.7

V を $\mathbb{R}$ 上の n 次元ベクトル空間，$\mathcal{V} = (\boldsymbol{v}_1, \ldots, \boldsymbol{v}_n)$ を V の順序付き基底とする．V の元 $\boldsymbol{v}$ を，順序付き基底 $\mathcal{V}$ により

$$\boldsymbol{v} = \sum_{i=1}^{n} a_i \boldsymbol{v}_i$$

と表す．このとき V から $\mathbb{R}^n$ への写像 $b_{\mathcal{V}} : V \to \mathbb{R}^n$ を

$$b_{\mathcal{V}}(\boldsymbol{v}) = \begin{pmatrix} a_1 \\ \vdots \\ a_n \end{pmatrix} \left(= \sum_{i=1}^{n} a_i \boldsymbol{e}_i \right)$$

と定義する[3]．

3) $\boldsymbol{e}_i$ は第 i 単位ベクトルを表す（命題 4.7 を見よ）．

問題 6.8

$b_{\mathcal{V}}$ は同型写像となる[4]ことを示せ．

線形写像とその表現行列との間には次のような関係がある．

命題 6.9

V を $\mathbb{R}$ 上の m 次元ベクトル空間，W を $\mathbb{R}$ 上の n 次元ベクトル空間とする．

$$\mathcal{V} = (\boldsymbol{v}_1, \ldots, \boldsymbol{v}_m)$$

を V の順序付き基底とし，

$$\mathcal{W} = (\boldsymbol{w}_1, \ldots, \boldsymbol{w}_n)$$

を W の順序付き基底とする．写像 $f : V \to W$ を線形写像，$n \times m$ 行列 A を順序付き基底 $\mathcal{V}$, $\mathcal{W}$ に関する線形写像 f の表現行列とする．また V から $\mathbb{R}^m$ への写像 $b_{\mathcal{V}} : V \to \mathbb{R}^m$ と W から $\mathbb{R}^n$ への写像 $b_{\mathcal{W}} : W \to \mathbb{R}^n$ を定義 6.7 で定義した写像とし，さらに写像 $m_A : \mathbb{R}^m \to \mathbb{R}^n$ を定義 5.12 で定義した写像とする．このとき次の関係式が成り立つ．

$$m_A \circ b_{\mathcal{V}} = b_{\mathcal{W}} \circ f$$

つまり次の図式が可換である[5]．

4)　特に線形写像となることに注意せよ．

5)　図式が可換であるとは，V から $\mathbb{R}^n$ へ至る矢印の道筋は 2 通りあるが，どの道を通っても同一の写像になるときをいう．

$$
\begin{array}{ccc}
V & \xrightarrow{\ f\ } & W \\
{\scriptstyle b_{\mathcal{V}}}\downarrow & \circlearrowleft & \downarrow{\scriptstyle b_{\mathcal{W}}} \\
\mathbb{R}^m & \xrightarrow{\ m_A\ } & \mathbb{R}^n
\end{array}
$$

[証明] 題意を考えると次を示すことが目標となる．

> （目標） V の任意の元 $\boldsymbol{v}$ に対して
> $(m_A \circ b_{\mathcal{V}})(\boldsymbol{v}) = (b_{\mathcal{W}} \circ f)(\boldsymbol{v})$ が成り立つ．

V の順序付き基底 $\mathcal{V}$ に関する $\boldsymbol{v}$ の座標表示を $\begin{pmatrix} a_1 \\ \vdots \\ a_m \end{pmatrix}$, W の順序付き基底 $\mathcal{W}$ に関する $f(\boldsymbol{v})$ の座標表示を $\begin{pmatrix} b_1 \\ \vdots \\ b_n \end{pmatrix}$ とする．このとき写像 $b_{\mathcal{V}}$ と m_A の定義より

$$(m_A \circ b_{\mathcal{V}})(\boldsymbol{v}) = m_A(b_{\mathcal{V}}(\boldsymbol{v})) = m_A\left(\begin{pmatrix} a_1 \\ \vdots \\ a_m \end{pmatrix}\right) = A\begin{pmatrix} a_1 \\ \vdots \\ a_m \end{pmatrix}$$

がいえる．さらに写像 $b_{\mathcal{W}}$ の定義より

$$(b_{\mathcal{W}} \circ f)(\boldsymbol{v}) = b_{\mathcal{W}}(f(\boldsymbol{v})) = \begin{pmatrix} b_1 \\ \vdots \\ b_n \end{pmatrix}$$

となる．ところが $n \times m$ 行列 A は順序付き基底 $\mathcal{V}, \mathcal{W}$ に関する線形写像 f の表現行列なので

$$\begin{pmatrix} b_1 \\ \vdots \\ b_n \end{pmatrix} = A \begin{pmatrix} a_1 \\ \vdots \\ a_m \end{pmatrix}$$

が成り立つ．したがって上記より

$$(m_A \circ b_{\mathcal{V}})(\boldsymbol{v}) = A \begin{pmatrix} a_1 \\ \vdots \\ a_m \end{pmatrix} = \begin{pmatrix} b_1 \\ \vdots \\ b_n \end{pmatrix} = (b_{\mathcal{W}} \circ f)(\boldsymbol{v})$$

がいえるので目標が達成された． □

系 6.10

V, W を $\mathbb{R}$ 上の有限次元ベクトル空間，$f : V \to W$ を線形写像，$\mathcal{V}$ を V の順序付き基底，$\mathcal{W}$ を W の順序付き基底，A を順序付き基底 $\mathcal{V}, \mathcal{W}$ に関する f の表現行列とする．

このとき $\dim \mathrm{Im}(f) = \mathrm{rank}\ A$ が成り立つ．

[証明]　命題 6.9 より $m_A = b_{\mathcal{W}} \circ f \circ b_{\mathcal{V}}^{-1}$ である[6)]．したがって

$$\begin{aligned} \dim \mathrm{Im}(m_A) &= \dim \mathrm{Im}(b_{\mathcal{W}} \circ f \circ b_{\mathcal{V}}^{-1}) \\ &\underset{①}{=} \dim \mathrm{Im}(b_{\mathcal{W}} \circ f) \\ &\underset{②}{=} \dim \mathrm{Im}(f) \end{aligned}$$

(説明)① 命題 5.27 (1) より．② 命題 5.27 (2) より．

一方，定理 5.29 より $\dim \mathrm{Im}(m_A) = \mathrm{rank}\ A$ がいえる．以上より $\dim \mathrm{Im}(f) = \dim \mathrm{Im}(m_A) = \mathrm{rank}\ A$ が成り立つ． □

6)　$b_{\mathcal{V}}$ は同型写像であることに注意（問題 6.8 参照）．

これより線形写像 $f : V \to W$ の像の次元を求める手順は以下の通りとなる．

> (i) V と W の順序付き基底を一組ずつ決める．
> (ii) (i) で決めた順序付き基底に関する f の表現行列 A を求める．
> (iii) $\mathrm{rank}(A)$ を求める．この値が $\dim \mathrm{Im}(f)$ の値になる．

例題 6.11

写像 $F : P(3,\mathbb{R}) \to P(2,\mathbb{R})$ を例題 6.4 のものとする．このとき $\dim \mathrm{Ker}(F)$ と $\dim \mathrm{Im}(F)$ を求めよ．

[解答例] まず $\dim \mathrm{Im}(F)$ を求める．$P(3,\mathbb{R})$ の順序付き基底として例題 6.4 (2) の $\mathcal{V}$, $P(2,\mathbb{R})$ の順序付き基底として例題 6.4 (2) の $\mathcal{W}$ をとる．このとき例題 6.4 の解答例より基底 $\mathcal{V}$, $\mathcal{W}$ に関する F の表現行列 A は

$$A = \begin{pmatrix} -1 & -2 & 0 & 0 \\ 1 & 2 & -1 & 1 \\ 0 & 0 & 1 & -1 \end{pmatrix}$$

となる．これの階数を求めると A は次のようにして階段行列に変形できるので A の階数は 2 であることがわかる．

$$\begin{pmatrix} -1 & -2 & 0 & 0 \\ 1 & 2 & -1 & 1 \\ 0 & 0 & 1 & -1 \end{pmatrix} \underset{①}{\longrightarrow} \begin{pmatrix} 1 & 2 & 0 & 0 \\ 0 & 0 & -1 & 1 \\ 0 & 0 & 1 & -1 \end{pmatrix} \underset{②}{\longrightarrow} \begin{pmatrix} 1 & 2 & 0 & 0 \\ 0 & 0 & 1 & -1 \\ 0 & 0 & 0 & 0 \end{pmatrix}$$

(説明)① 第 1 行を 1 倍して第 2 行に加える．さらに第 1 行を -1 倍する．
② 第 2 行を 1 倍して第 3 行に加える．さらに第 2 行を -1 倍する．

したがって $\dim \mathrm{Im}(F) = \mathrm{rank}\ A = 2$ である．

次に $\dim \mathrm{Ker}(F)$ をもとめる．定理 5.26 より $\dim \mathrm{Ker}(F) = \dim P(3, \mathbb{R}) - \dim \mathrm{Im}(F) = 4 - 2 = 2$ となる． □

6.2　2つの線形写像の合成の表現行列

次に 2 つの線形写像の合成の行列表示について考える．

命題 6.12

V_1，V_2，V_3 を $\mathbb{R}$ 上の有限次元ベクトル空間，$\dim V_1 = l$, $\dim V_2 = m$, $\dim V_3 = n$ とする．また，$\mathcal{V}_1$, $\mathcal{V}_2$, $\mathcal{V}_3$ をそれぞれ V_1, V_2, V_3 の順序付き基底とする．そして，$f : V_1 \to V_2$, $g : V_2 \to V_3$ を線形写像とする．さらに A を $\mathcal{V}_1$, $\mathcal{V}_2$ に関する線形写像 f の表現行列，B を $\mathcal{V}_2$, $\mathcal{V}_3$ に関する線形写像 g の表現行列とする．このとき，$\mathcal{V}_1$, $\mathcal{V}_3$ に関する合成写像 $g \circ f$ の表現行列は BA となる．

[証明]　まず問題 5.5 より合成写像 $g \circ f$ は線形写像になることに注意する．順序付き基底 $\mathcal{V}_1$ に関する V_1 の元 $\boldsymbol{v}_1$ の座標表示を $\begin{pmatrix} a_1 \\ \vdots \\ a_l \end{pmatrix}$,
順序付き基底 $\mathcal{V}_2$ に関する V_2 の元 $f(\boldsymbol{v}_1)$ の座標表示を $\begin{pmatrix} b_1 \\ \vdots \\ b_m \end{pmatrix}$,
順序付き基底 $\mathcal{V}_3$ に関する V_3 の元 $(g \circ f)(\boldsymbol{v}_1)$ の座標表示を $\begin{pmatrix} c_1 \\ \vdots \\ c_n \end{pmatrix}$

とする．仮定から

$$\begin{pmatrix} b_1 \\ \vdots \\ b_m \end{pmatrix} = A \begin{pmatrix} a_1 \\ \vdots \\ a_l \end{pmatrix}, \quad \begin{pmatrix} c_1 \\ \vdots \\ c_n \end{pmatrix} = B \begin{pmatrix} b_1 \\ \vdots \\ b_m \end{pmatrix}$$

がいえる．したがって

$$\begin{pmatrix} c_1 \\ \vdots \\ c_n \end{pmatrix} = B \begin{pmatrix} b_1 \\ \vdots \\ b_m \end{pmatrix} = BA \begin{pmatrix} a_1 \\ \vdots \\ a_l \end{pmatrix}$$

となる．注意 6.3 (1) を考えるとこれより $\mathcal{V}_1$, $\mathcal{V}_3$ に関する $g \circ f$ の表現行列は BA となり題意が示される． □

これを用いると次がいえる．

命題 6.13

V と W を $\mathbb{R}$ 上の有限次元ベクトル空間とし，$\dim V = \dim W = n$ とする．また $f : V \to W$ を線形写像とする．さらに

$$\mathcal{V} = (\boldsymbol{v}_1, \ldots, \boldsymbol{v}_n)$$

を V の順序付き基底とし，

$$\mathcal{W} = (\boldsymbol{w}_1, \ldots, \boldsymbol{w}_n)$$

を W の順序付き基底とする．もし f が同型写像なら，$\mathcal{V}$, $\mathcal{W}$ に関する線形写像 f の表現行列は正則行列[7]になる．

[証明] 順序付き基底 $\mathcal{V}$, $\mathcal{W}$ に関する線形写像 f の表現行列を A と

7) 正則行列の定義は例えば [5, 定義 2.22 (2)] もしくは付録を見よ．

おく．まず，仮定より f の逆写像 $f^{-1}: W \to V$ が存在する．ここで例題 5.10 より f^{-1} も線形写像であることに注意すると，$\mathcal{W}$, $\mathcal{V}$ に関する写像 f^{-1} の表現行列を得ることができ，それを B とする．このとき，命題 6.12 より次がいえる．

順序付き基底 $\mathcal{W}$ に関する $f \circ f^{-1}$ の表現行列は AB である．

順序付き基底 $\mathcal{V}$ に関する $f^{-1} \circ f$ の表現行列は BA である．

いま，$f \circ f^{-1} = \mathrm{id}_W$, $f^{-1} \circ f = \mathrm{id}_V$ なので，注意 6.3 (1) と問題 6.6 を用いると

$$AB = E_n, \qquad BA = E_n$$

がいえる．したがって正則行列の定義より A は正則である．　□

6.3　基底をかえたときの表現行列の変化について

設定　V と W を $\mathbb{R}$ 上の有限次元ベクトル空間とし，$\dim V = m, \dim W = n$ とする．また $f: V \to W$ を線形写像とする．さらに

$$\mathcal{V}_1 = (\boldsymbol{a}_1, \ldots, \boldsymbol{a}_m), \quad \mathcal{V}_2 = (\boldsymbol{b}_1, \ldots, \boldsymbol{b}_m)$$

を V の 2 組の順序付き基底，

$$\mathcal{W}_1 = (\boldsymbol{c}_1, \ldots, \boldsymbol{c}_n), \quad \mathcal{W}_2 = (\boldsymbol{d}_1, \ldots, \boldsymbol{d}_n)$$

を W の 2 組の順序付き基底とする．また

$\mathcal{V}_1$ と $\mathcal{W}_1$ に関する f の表現行列を A

$\mathcal{V}_2$ と $\mathcal{W}_2$ に関する f の表現行列を B

とする．

このとき次の問題を考える：

$\boldsymbol{A}$ と $\boldsymbol{B}$ の間の関係はどうなっているか？

この問題を考察するために次で座標表示の変換について考える．

座標表示の変換

V を $\mathbb{R}$ 上の n 次元ベクトル空間とし

$$\mathcal{V} = (\boldsymbol{v}_1, \ldots, \boldsymbol{v}_n), \quad \mathcal{W} = (\boldsymbol{w}_1, \ldots, \boldsymbol{w}_n)$$

を V の 2 組の順序付き基底とする．このとき V の任意の元 $\boldsymbol{v}$ に対して，これらの基底を用いて

$$\boldsymbol{v} = a_1\boldsymbol{v}_1 + \cdots + a_n\boldsymbol{v}_n \tag{6.1}$$

$$\boldsymbol{v} = b_1\boldsymbol{w}_1 + \cdots + b_n\boldsymbol{w}_n \tag{6.2}$$

と書けるとする．ここでこのようなあらわし方は，ただ **1** 通りであることに注意する．さて次のことについて考えてみよう．

> $\boldsymbol{v}$ の $\mathcal{V}$ に関する座標表示 $\begin{pmatrix} a_1 \\ \vdots \\ a_n \end{pmatrix}$ と $\mathcal{W}$ に関する座標表示 $\begin{pmatrix} b_1 \\ \vdots \\ b_n \end{pmatrix}$ との間の関係を調べる．

この目的のために，ここで座標表示の変換行列なるものを定義する．

まず $\boldsymbol{v}_1, \ldots, \boldsymbol{v}_n$ を基底 $\mathcal{W}$ を用いて表し，それを

$$\begin{cases} \boldsymbol{v}_1 = p_{11}\boldsymbol{w}_1 + p_{21}\boldsymbol{w}_2 + \cdots + p_{n1}\boldsymbol{w}_n \\ \boldsymbol{v}_2 = p_{12}\boldsymbol{w}_1 + p_{22}\boldsymbol{w}_2 + \cdots + p_{n2}\boldsymbol{w}_n \\ \qquad\qquad\qquad \vdots \\ \boldsymbol{v}_n = p_{1n}\boldsymbol{w}_1 + p_{2n}\boldsymbol{w}_2 + \cdots + p_{nn}\boldsymbol{w}_n \end{cases}$$

とする（ここで各 p_{ij} は実数）．これらを式 (6.1) に代入すると，

$$\begin{aligned} \boldsymbol{v} &= a_1(p_{11}\boldsymbol{w}_1 + p_{21}\boldsymbol{w}_2 + \cdots + p_{n1}\boldsymbol{w}_n) \\ &\quad + a_2(p_{12}\boldsymbol{w}_1 + p_{22}\boldsymbol{w}_2 + \cdots + p_{n2}\boldsymbol{w}_n) \\ &\quad + \cdots + a_n(p_{1n}\boldsymbol{w}_1 + p_{2n}\boldsymbol{w}_2 + \cdots + p_{nn}\boldsymbol{w}_n) \\ &= (a_1p_{11} + a_2p_{12} + \cdots + a_np_{1n})\boldsymbol{w}_1 \\ &\quad + (a_1p_{21} + a_2p_{22} + \cdots + a_np_{2n})\boldsymbol{w}_2 \\ &\quad + \cdots + (a_1p_{n1} + a_2p_{n2} + \cdots + a_np_{nn})\boldsymbol{w}_n \end{aligned}$$

となる．これと式 (6.2) より

$$\begin{aligned} &(a_1p_{11} + a_2p_{12} + \cdots + a_np_{1n})\boldsymbol{w}_1 \\ &+ (a_1p_{21} + a_2p_{22} + \cdots + a_np_{2n})\boldsymbol{w}_2 \\ &+ \cdots + (a_1p_{n1} + a_2p_{n2} + \cdots + a_np_{nn})\boldsymbol{w}_n \\ &= b_1\boldsymbol{w}_1 + b_2\boldsymbol{w}_2 + \cdots + b_n\boldsymbol{w}_n \end{aligned}$$

となり，右辺を左辺に移項しまとめると

$$\begin{aligned} &(a_1p_{11} + a_2p_{12} + \cdots + a_np_{1n} - b_1)\boldsymbol{w}_1 \\ &+ (a_1p_{21} + a_2p_{22} + \cdots + a_np_{2n} - b_2)\boldsymbol{w}_2 \\ &+ \cdots + (a_1p_{n1} + a_2p_{n2} + \cdots + a_np_{nn} - b_n)\boldsymbol{w}_n = \mathbf{0}_V \end{aligned}$$

となる．ところで $\{\boldsymbol{w}_1, \ldots, \boldsymbol{w}_n\}$ は V の基底なので一次独立となる．よって一次独立の定義から $\boldsymbol{w}_1, \ldots, \boldsymbol{w}_n$ の係数は 0，つまり

$$\begin{cases} b_1 = a_1 p_{11} + a_2 p_{12} + \cdots + a_n p_{1n} \\ b_2 = a_1 p_{21} + a_2 p_{22} + \cdots + a_n p_{2n} \\ \qquad \vdots \\ b_n = a_1 p_{n1} + a_2 p_{n2} + \cdots + a_n p_{nn} \end{cases}$$

が成立する.

$$P = \begin{pmatrix} p_{11} & p_{12} & \cdots & p_{1n} \\ p_{21} & p_{22} & \cdots & p_{2n} \\ \vdots & \vdots & \ddots & \vdots \\ p_{n1} & p_{n2} & \cdots & p_{nn} \end{pmatrix}$$

とおくと上の式は

$$\begin{pmatrix} b_1 \\ b_2 \\ \vdots \\ b_n \end{pmatrix} = P \begin{pmatrix} a_1 \\ a_2 \\ \vdots \\ a_n \end{pmatrix} \tag{6.3}$$

と表される. つまり P は $\mathcal{V}$ による座標表示 $\begin{pmatrix} a_1 \\ \vdots \\ a_n \end{pmatrix}$ を $\mathcal{W}$ による座標表示 $\begin{pmatrix} b_1 \\ \vdots \\ b_n \end{pmatrix}$ に変換する行列である.

定義 6.14

上記の行列 P を $\boldsymbol{\mathcal{V}}$ による座標表示を $\boldsymbol{\mathcal{W}}$ による座標表示にうつす変換行列と呼ぶ.

また同様にして，$\boldsymbol{w}_1, \ldots, \boldsymbol{w}_n$ を $\boldsymbol{v}_1, \ldots, \boldsymbol{v}_n$ を用いて表し

$$\begin{cases} \boldsymbol{w}_1 = q_{11}\boldsymbol{v}_1 + q_{21}\boldsymbol{v}_2 + \cdots + q_{n1}\boldsymbol{v}_n \\ \boldsymbol{w}_2 = q_{12}\boldsymbol{v}_1 + q_{22}\boldsymbol{v}_2 + \cdots + q_{n2}\boldsymbol{v}_n \\ \qquad\qquad \vdots \\ \boldsymbol{w}_n = q_{1n}\boldsymbol{v}_1 + q_{2n}\boldsymbol{v}_2 + \cdots + q_{nn}\boldsymbol{v}_n \end{cases}$$

とおく．ここで

$$Q = \begin{pmatrix} q_{11} & q_{12} & \cdots & q_{1n} \\ q_{21} & q_{22} & \cdots & q_{2n} \\ \vdots & \vdots & \ddots & \vdots \\ q_{n1} & q_{n2} & \cdots & q_{nn} \end{pmatrix}$$

とおくと

$$\begin{pmatrix} a_1 \\ a_2 \\ \vdots \\ a_n \end{pmatrix} = Q \begin{pmatrix} b_1 \\ b_2 \\ \vdots \\ b_n \end{pmatrix} \tag{6.4}$$

となる．つまり Q は $\mathcal{W}$ による座標表示を $\mathcal{V}$ による座標表示にうつす変換行列である．式 (6.3) と (6.4) より

$$\begin{pmatrix} b_1 \\ b_2 \\ \vdots \\ b_n \end{pmatrix} = P \begin{pmatrix} a_1 \\ a_2 \\ \vdots \\ a_n \end{pmatrix} = PQ \begin{pmatrix} b_1 \\ b_2 \\ \vdots \\ b_n \end{pmatrix}$$

かつ

$$\begin{pmatrix} a_1 \\ a_2 \\ \vdots \\ a_n \end{pmatrix} = Q \begin{pmatrix} b_1 \\ b_2 \\ \vdots \\ b_n \end{pmatrix} = QP \begin{pmatrix} a_1 \\ a_2 \\ \vdots \\ a_n \end{pmatrix}$$

が成り立つ．ここで次を示す．

補題 6.15

$PQ = QP = E_n$ が成立する．

[証明] まず次の点に注意する．

P, Q は順序付き基底 $\mathcal{V}$, $\mathcal{W}$ のみにより決まる．

$\boldsymbol{v}$ は V の任意の元より $\boldsymbol{v}$ としては V のどんな元をとってきてもよい．そこで $\boldsymbol{v}$ を基底 $\mathcal{V}$ の元 $\boldsymbol{v}_i$ とすると $\mathcal{V}$ による $\boldsymbol{v}_i$ の座標表示は第 i 単位ベクトル $\boldsymbol{e}_i$，つまり行の数が n の列ベクトルで第 i 行が 1 で他の行は 0 であるものとなる．すると各 i に対し

$$\boldsymbol{e}_i = QP\boldsymbol{e}_i$$

が成り立つ．そこでこれを行列を用いて 1 つにまとめて書くと

$$(\boldsymbol{e}_1 \cdots \boldsymbol{e}_n) = QP(\boldsymbol{e}_1 \cdots \boldsymbol{e}_n) \tag{6.5}$$

となる．$(\boldsymbol{e}_1 \cdots \boldsymbol{e}_n) = E_n$ に注意すると式 (6.5) は $QP = E_n$ を意味している．

同様にして $\boldsymbol{v}$ を基底 $\mathcal{W}$ の元 $\boldsymbol{w}_i$ とすると $\mathcal{W}$ による $\boldsymbol{w}_i$ の座標表示も第 i 単位ベクトルとなる．これをやはり $\boldsymbol{e}_i$ とおくと

$$(\boldsymbol{e}_1 \cdots \boldsymbol{e}_n) = PQ(\boldsymbol{e}_1 \cdots \boldsymbol{e}_n)$$

となる．よって $(\boldsymbol{e}_1 \cdots \boldsymbol{e}_n) = E_n$ より $E_n = PQE_n = PQ$ を得る．以上で示された． □

したがって補題 6.15 より P, Q は正則行列となることがわかる．

基底をかえたときの表現行列の変化

この節の最初で述べた 設定 を考え，そこでの記号を用いる．$\boldsymbol{v}$ を $\boldsymbol{V}$ の任意の元とする．

順序付き基底 $\mathcal{V}_1$ による $\boldsymbol{v}$ の座標表示を $\begin{pmatrix} \alpha_1 \\ \vdots \\ \alpha_m \end{pmatrix}$，順序付き基底 $\mathcal{V}_2$ による $\boldsymbol{v}$ の座標表示を $\begin{pmatrix} \beta_1 \\ \vdots \\ \beta_m \end{pmatrix}$，順序付き基底 $\mathcal{W}_1$ による $f(\boldsymbol{v})$ の座標表示を $\begin{pmatrix} \gamma_1 \\ \vdots \\ \gamma_n \end{pmatrix}$，順序付き基底 $\mathcal{W}_2$ による $f(\boldsymbol{v})$ の座標表示を $\begin{pmatrix} \delta_1 \\ \vdots \\ \delta_n \end{pmatrix}$ とする．すると仮定から

$$\begin{pmatrix} \gamma_1 \\ \vdots \\ \gamma_n \end{pmatrix} = A \begin{pmatrix} \alpha_1 \\ \vdots \\ \alpha_m \end{pmatrix}, \qquad \begin{pmatrix} \delta_1 \\ \vdots \\ \delta_n \end{pmatrix} = B \begin{pmatrix} \beta_1 \\ \vdots \\ \beta_m \end{pmatrix} \tag{6.6}$$

が成り立つ．また，$\mathcal{V}_2$ による座標表示を $\mathcal{V}_1$ による座標表示にうつす変換行列を P_1，$\mathcal{W}_2$ による座標表示を $\mathcal{W}_1$ による座標表示にうつす変換行列を P_2 とすると

$$\begin{pmatrix} \alpha_1 \\ \vdots \\ \alpha_m \end{pmatrix} = P_1 \begin{pmatrix} \beta_1 \\ \vdots \\ \beta_m \end{pmatrix}, \qquad \begin{pmatrix} \gamma_1 \\ \vdots \\ \gamma_n \end{pmatrix} = P_2 \begin{pmatrix} \delta_1 \\ \vdots \\ \delta_n \end{pmatrix} \tag{6.7}$$

と書ける．式 (6.6) と (6.7) より

$$P_2 \begin{pmatrix} \delta_1 \\ \vdots \\ \delta_n \end{pmatrix} = \begin{pmatrix} \gamma_1 \\ \vdots \\ \gamma_n \end{pmatrix} = A \begin{pmatrix} \alpha_1 \\ \vdots \\ \alpha_m \end{pmatrix} = AP_1 \begin{pmatrix} \beta_1 \\ \vdots \\ \beta_m \end{pmatrix}$$

つまり

$$\begin{pmatrix} \delta_1 \\ \vdots \\ \delta_n \end{pmatrix} = P_2^{-1}AP_1 \begin{pmatrix} \beta_1 \\ \vdots \\ \beta_m \end{pmatrix}$$

したがって式 (6.6) より

$$B \begin{pmatrix} \beta_1 \\ \vdots \\ \beta_m \end{pmatrix} = P_2^{-1}AP_1 \begin{pmatrix} \beta_1 \\ \vdots \\ \beta_m \end{pmatrix} \tag{6.8}$$

がいえる．$\boldsymbol{v}$ は V の任意の元なので $\boldsymbol{v}$ として $\mathcal{V}_2$ の元 $\boldsymbol{b}_i$ をとると $\boldsymbol{b}_i$ の順序付き基底 $\mathcal{V}_2$ による座標表示 $\begin{pmatrix} \beta_1 \\ \vdots \\ \beta_m \end{pmatrix}$ は第 i 単位ベクトル $\boldsymbol{e}_i$ となる．よって式 (6.8) より各 i に対して $B\boldsymbol{e}_i = P_2^{-1}AP_1\boldsymbol{e}_i$ が成り立つ．これを行列を用いて 1 つにまとめて書くと $B(\boldsymbol{e}_1 \cdots \boldsymbol{e}_m) = P_2^{-1}AP_1(\boldsymbol{e}_1 \cdots \boldsymbol{e}_m)$ となる．$(\boldsymbol{e}_1 \cdots \boldsymbol{e}_m) = E_m$ に注意すると

$$B = P_2^{-1}AP_1$$

を得る．以上をまとめると次のようになる．

定理 6.16

V と W を有限次元ベクトル空間とし，$\dim V = m$, $\dim W = n$ とする．また $f : V \to W$ を線形写像とする．さらに $\mathcal{V}_1$, $\mathcal{V}_2$ を V の 2 組の順序付き基底，$\mathcal{W}_1$, $\mathcal{W}_2$ を W の 2 組の順序付き基底とする．また

$\mathcal{V}_1$ と $\mathcal{W}_1$ に関する f の表現行列を A

$\mathcal{V}_2$ と $\mathcal{W}_2$ に関する f の表現行列を B

とする．さらに $\mathcal{V}_2$ による座標表示を $\mathcal{V}_1$ による座標表示にうつす変換行列を P_1, $\mathcal{W}_2$ による座標表示を $\mathcal{W}_1$ による座標表示にうつす変換行列を P_2 とする．このとき A と B の間には

$$B = P_2^{-1} A P_1$$

という関係式[8]が成り立つ．

注意 6.17　上記の構成法と m_{P_1}, $b_{\mathcal{V}_1}$, $b_{\mathcal{V}_2}$ の定義から

$$P_1 \begin{pmatrix} \beta_1 \\ \vdots \\ \beta_m \end{pmatrix} = m_{P_1}(b_{\mathcal{V}_2}(\boldsymbol{v})) = (m_{P_1} \circ b_{\mathcal{V}_2})(\boldsymbol{v}),$$

$$b_{\mathcal{V}_1}(\boldsymbol{v}) = \begin{pmatrix} \alpha_1 \\ \vdots \\ \alpha_m \end{pmatrix}$$

が成り立つので式 (6.7) から $(m_{P_1} \circ b_{\mathcal{V}_2})(\boldsymbol{v}) = b_{\mathcal{V}_1}(\boldsymbol{v})$ が成り立つ．$\boldsymbol{v}$ は V の任意の元なので

$$m_{P_1} \circ b_{\mathcal{V}_2} = b_{\mathcal{V}_1}$$

がいえることがわかる．同様にして

8)　定義 5.12 の記号を使うと $m_B = (m_{P_2})^{-1} \circ m_A \circ m_{P_1}$ と書ける．

$$m_{P_2} \circ b_{\mathcal{W}_2} = b_{\mathcal{W}_1}$$

が成り立つこともわかり，したがって次の図式が可換であることがわかる．

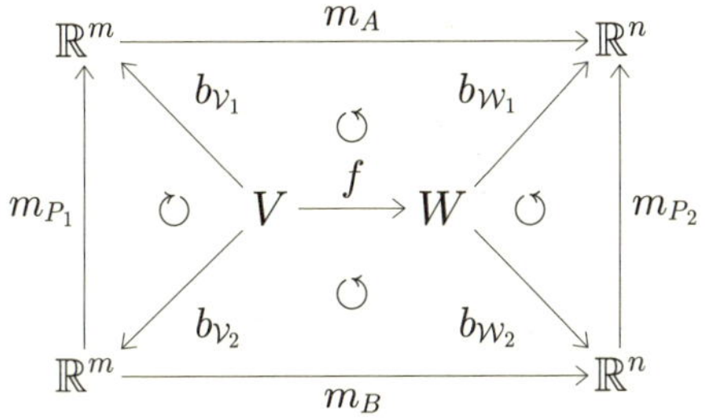

例題 6.18

次で定義される写像を考える．

$$f : \mathbb{R}^3 \to \mathbb{R}^2 : \quad f\left(\begin{pmatrix} x \\ y \\ z \end{pmatrix}\right) = \begin{pmatrix} x - y \\ 2y + z \end{pmatrix}$$

(1) f は線形写像となることを示せ．

(2) $\mathbb{R}^3$ の順序付き基底として

$$\mathcal{V}_1 = \left(\begin{pmatrix} 1 \\ 0 \\ 0 \end{pmatrix}, \begin{pmatrix} 0 \\ 1 \\ 0 \end{pmatrix}, \begin{pmatrix} 0 \\ 0 \\ 1 \end{pmatrix}\right)$$

$\mathbb{R}^2$ の順序付き基底として

$$\mathcal{W}_1 = \left(\begin{pmatrix} 1 \\ 0 \end{pmatrix}, \begin{pmatrix} 0 \\ 1 \end{pmatrix}\right)$$

をとるとき，この基底に関する f の表現行列 A を求めよ．

(3) $\mathbb{R}^3$ の順序付き基底として

$$\mathcal{V}_2 = \left(\begin{pmatrix} 1 \\ 1 \\ 0 \end{pmatrix}, \begin{pmatrix} 1 \\ 0 \\ 1 \end{pmatrix}, \begin{pmatrix} 0 \\ 1 \\ 1 \end{pmatrix} \right)$$

$\mathbb{R}^2$ の順序付き基底として

$$\mathcal{W}_2 = \left(\begin{pmatrix} 1 \\ -1 \end{pmatrix}, \begin{pmatrix} 2 \\ -3 \end{pmatrix} \right)$$

をとる[9]とき，この順序付き基底に関する f の表現行列 B を求めよ．

(4) $\mathcal{V}_2$ による座標表示を $\mathcal{V}_1$ による座標表示にうつす変換行列 P_1 と，$\mathcal{W}_2$ による座標表示を $\mathcal{W}_1$ による座標表示にうつす変換行列 P_2 を求めよ．さらに $B = P_2^{-1} A P_1$ が成り立つことを確かめよ．

[解答例]　(1) $\mathbb{R}^3$ の任意の2つの元 $\begin{pmatrix} a_1 \\ b_1 \\ c_1 \end{pmatrix}, \begin{pmatrix} a_2 \\ b_2 \\ c_2 \end{pmatrix}$ と任意の実数 r, s に対して

9)　$\mathcal{V}_2$, $\mathcal{W}_2$ がそれぞれ $\mathbb{R}^3$, $\mathbb{R}^2$ の基底となることを各自確かめよ．

$$f\left(r\begin{pmatrix}a_1\\b_1\\c_1\end{pmatrix}+s\begin{pmatrix}a_2\\b_2\\c_2\end{pmatrix}\right)=f\left(\begin{pmatrix}ra_1+sa_2\\rb_1+sb_2\\rc_1+sc_2\end{pmatrix}\right)$$
$$=\begin{pmatrix}(ra_1+sa_2)-(rb_1+sb_2)\\2(rb_1+sb_2)+(rc_1+sc_2)\end{pmatrix}$$
$$=\begin{pmatrix}r(a_1-b_1)+s(a_2-b_2)\\r(2b_1+c_1)+s(2b_2+c_2)\end{pmatrix}$$
$$=r\begin{pmatrix}a_1-b_1\\2b_1+c_1\end{pmatrix}+s\begin{pmatrix}a_2-b_2\\2b_2+c_2\end{pmatrix}$$
$$=rf\left(\begin{pmatrix}a_1\\b_1\\c_1\end{pmatrix}\right)+sf\left(\begin{pmatrix}a_2\\b_2\\c_2\end{pmatrix}\right)$$

よって命題 5.4 より f は線形写像となる.

(2) まず

$$\boldsymbol{v}_1=\begin{pmatrix}1\\0\\0\end{pmatrix},\ \boldsymbol{v}_2=\begin{pmatrix}0\\1\\0\end{pmatrix},\ \boldsymbol{v}_3=\begin{pmatrix}0\\0\\1\end{pmatrix},$$
$$\boldsymbol{w}_1=\begin{pmatrix}1\\0\end{pmatrix},\quad \boldsymbol{w}_2=\begin{pmatrix}0\\1\end{pmatrix}$$

とおく. すると

$$f(\boldsymbol{v}_1)=\begin{pmatrix}1\\0\end{pmatrix}=1\cdot\boldsymbol{w}_1+0\cdot\boldsymbol{w}_2$$

$$f(\boldsymbol{v}_2) = \begin{pmatrix} -1 \\ 2 \end{pmatrix} = (-1) \cdot \boldsymbol{w}_1 + 2 \cdot \boldsymbol{w}_2$$

$$f(\boldsymbol{v}_3) = \begin{pmatrix} 0 \\ 1 \end{pmatrix} = 0 \cdot \boldsymbol{w}_1 + 1 \cdot \boldsymbol{w}_2$$

よって $\mathcal{V}_1$, $\mathcal{W}_1$ に関する f の表現行列 A は $A = \begin{pmatrix} 1 & -1 & 0 \\ 0 & 2 & 1 \end{pmatrix}$ となる．

(3) まず

$$\boldsymbol{t}_1 = \begin{pmatrix} 1 \\ 1 \\ 0 \end{pmatrix},\ \boldsymbol{t}_2 = \begin{pmatrix} 1 \\ 0 \\ 1 \end{pmatrix},\ \boldsymbol{t}_3 = \begin{pmatrix} 0 \\ 1 \\ 1 \end{pmatrix},$$

$$\boldsymbol{u}_1 = \begin{pmatrix} 1 \\ -1 \end{pmatrix},\quad \boldsymbol{u}_2 = \begin{pmatrix} 2 \\ -3 \end{pmatrix}$$

とおく．すると

$$f(\boldsymbol{t}_1) = \begin{pmatrix} 0 \\ 2 \end{pmatrix} = 4 \cdot \boldsymbol{u}_1 + (-2) \cdot \boldsymbol{u}_2$$

$$f(\boldsymbol{t}_2) = \begin{pmatrix} 1 \\ 1 \end{pmatrix} = 5 \cdot \boldsymbol{u}_1 + (-2) \cdot \boldsymbol{u}_2$$

$$f(\boldsymbol{t}_3) = \begin{pmatrix} -1 \\ 3 \end{pmatrix} = 3 \cdot \boldsymbol{u}_1 + (-2) \cdot \boldsymbol{u}_2$$

よって $\mathcal{V}_2$, $\mathcal{W}_2$ に関する f の表現行列 B は

$$B = \begin{pmatrix} 4 & 5 & 3 \\ -2 & -2 & -2 \end{pmatrix}$$

となる．

(4) まず $\mathbb{R}^3$ の順序付き基底 $\mathcal{V}_2$ による座標表示を $\mathcal{V}_1$ による座標表示にうつす変換行列 P_1 を求める．すると

$$\begin{cases} \boldsymbol{t}_1 = p_{11}\boldsymbol{v}_1 + p_{21}\boldsymbol{v}_2 + p_{31}\boldsymbol{v}_3 \\ \boldsymbol{t}_2 = p_{12}\boldsymbol{v}_1 + p_{22}\boldsymbol{v}_2 + p_{32}\boldsymbol{v}_3 \\ \boldsymbol{t}_3 = p_{13}\boldsymbol{v}_1 + p_{23}\boldsymbol{v}_2 + p_{33}\boldsymbol{v}_3 \end{cases}$$

とおいたとき

$$P_1 = \begin{pmatrix} p_{11} & p_{12} & p_{13} \\ p_{21} & p_{22} & p_{23} \\ p_{31} & p_{32} & p_{33} \end{pmatrix}$$

となる．上の式は行列を使って表すと

$$\begin{pmatrix} \boldsymbol{t}_1 & \boldsymbol{t}_2 & \boldsymbol{t}_3 \end{pmatrix} = \begin{pmatrix} \boldsymbol{v}_1 & \boldsymbol{v}_2 & \boldsymbol{v}_3 \end{pmatrix} P_1$$

となる．ここで $\mathcal{V}_1$ と $\mathcal{V}_2$ は基底より命題 4.3 から 2 つの行列

$$\begin{pmatrix} \boldsymbol{t}_1 & \boldsymbol{t}_2 & \boldsymbol{t}_3 \end{pmatrix}, \quad \begin{pmatrix} \boldsymbol{v}_1 & \boldsymbol{v}_2 & \boldsymbol{v}_3 \end{pmatrix}$$

は逆行列をもつ．したがって

$$
\begin{aligned}
P_1 &= \begin{pmatrix} \boldsymbol{v}_1 & \boldsymbol{v}_2 & \boldsymbol{v}_3 \end{pmatrix}^{-1} \begin{pmatrix} \boldsymbol{t}_1 & \boldsymbol{t}_2 & \boldsymbol{t}_3 \end{pmatrix} \\
&= \begin{pmatrix} 1 & 0 & 0 \\ 0 & 1 & 0 \\ 0 & 0 & 1 \end{pmatrix}^{-1} \begin{pmatrix} 1 & 1 & 0 \\ 1 & 0 & 1 \\ 0 & 1 & 1 \end{pmatrix} \\
&= \begin{pmatrix} 1 & 0 & 0 \\ 0 & 1 & 0 \\ 0 & 0 & 1 \end{pmatrix} \begin{pmatrix} 1 & 1 & 0 \\ 1 & 0 & 1 \\ 0 & 1 & 1 \end{pmatrix} = \begin{pmatrix} 1 & 1 & 0 \\ 1 & 0 & 1 \\ 0 & 1 & 1 \end{pmatrix}
\end{aligned}
$$

同様にして $\mathbb{R}^2$ の順序付き基底 $\mathcal{W}_2$ による座標表示を $\mathcal{W}_1$ による座標表示にうつす変換行列 P_2 を求める．すると

$$
\begin{cases} \boldsymbol{u}_1 = q_{11}\boldsymbol{w}_1 + q_{21}\boldsymbol{w}_2 \\ \boldsymbol{u}_2 = q_{12}\boldsymbol{w}_1 + q_{22}\boldsymbol{w}_2 \end{cases}
$$

とおいたとき

$$
P_2 = \begin{pmatrix} q_{11} & q_{12} \\ q_{21} & q_{22} \end{pmatrix}
$$

となる．上の式は行列を使って表すと $\begin{pmatrix} \boldsymbol{u}_1 & \boldsymbol{u}_2 \end{pmatrix} = \begin{pmatrix} \boldsymbol{w}_1 & \boldsymbol{w}_2 \end{pmatrix} P_2$ となる．ここで $\mathcal{W}_1$ と $\mathcal{W}_2$ は基底より命題 4.3 から 2 つの行列

$$
\begin{pmatrix} \boldsymbol{u}_1 & \boldsymbol{u}_2 \end{pmatrix}, \quad \begin{pmatrix} \boldsymbol{w}_1 & \boldsymbol{w}_2 \end{pmatrix}
$$

は逆行列をもつ．したがって

$$P_2 = \begin{pmatrix} \boldsymbol{w}_1 & \boldsymbol{w}_2 \end{pmatrix}^{-1} \begin{pmatrix} \boldsymbol{u}_1 & \boldsymbol{u}_2 \end{pmatrix}$$
$$= \begin{pmatrix} 1 & 0 \\ 0 & 1 \end{pmatrix}^{-1} \begin{pmatrix} 1 & 2 \\ -1 & -3 \end{pmatrix}$$
$$= \begin{pmatrix} 1 & 0 \\ 0 & 1 \end{pmatrix} \begin{pmatrix} 1 & 2 \\ -1 & -3 \end{pmatrix} = \begin{pmatrix} 1 & 2 \\ -1 & -3 \end{pmatrix}$$

最後に $P_2^{-1}AP_1$ を計算して B と等しくなるかについて調べる．

$$P_2^{-1}AP_1 = \begin{pmatrix} 1 & 2 \\ -1 & -3 \end{pmatrix}^{-1} \begin{pmatrix} 1 & -1 & 0 \\ 0 & 2 & 1 \end{pmatrix} \begin{pmatrix} 1 & 1 & 0 \\ 1 & 0 & 1 \\ 0 & 1 & 1 \end{pmatrix}$$
$$= \begin{pmatrix} 3 & 2 \\ -1 & -1 \end{pmatrix} \begin{pmatrix} 1 & -1 & 0 \\ 0 & 2 & 1 \end{pmatrix} \begin{pmatrix} 1 & 1 & 0 \\ 1 & 0 & 1 \\ 0 & 1 & 1 \end{pmatrix}$$
$$= \begin{pmatrix} 4 & 5 & 3 \\ -2 & -2 & -2 \end{pmatrix} = B$$

となる． □

問題 6.19

例題 6.4 の写像を考える．

(1) $P(3,\mathbb{R})$ の順序付き基底として $\mathcal{V}' = (1, 1+X, 1+X+X^2, 1+X+X^2+X^3)$, $P(2,\mathbb{R})$ の順序付き基底として $\mathcal{W}' = (1, X, X^2)$ をとる[10)]．このときこの順序付き基底に関する F の表現行列 B を求めよ．

(2) $\mathcal{V}'$ による座標表示を例題 6.4 (2) の $\mathcal{V}$ による座標表示にうつす変

10) 例 4.14 と注意 4.15 も参照せよ．

換行列 P_1 と，$\mathcal{W}'$ による座標表示を例題 6.4 (2) の $\mathcal{W}$ による座標表示にうつす変換行列 P_2 を求めよ．

(3) 例題 6.4 (2) で求めた $\mathcal{V}$, $\mathcal{W}$ に関する F の表現行列を A とすると $B = P_2^{-1}AP_1$ が成り立つことを確かめよ．

付録

前著「理系のための行列・行列式」の内容のうち本書で引用したもののまとめ

ここで本書において用いた前著「理系のための行列・行列式」の定義や結果などをまとめておく．証明などの詳しいことについては「理系のための行列・行列式」を参照のこと．

定義 2.22. (2) A を n 次正方行列とする．このとき A が**正則行列**（regular matrix）であるとは，ある n 次正方行列 B が存在して $AB = BA = E_n$ が成り立つときをいう．さらに，この行列 B を **$\boldsymbol{A}$ の逆行列**（inverse matrix）という．

系 4.16. A を $m \times n$ 行列とする．このとき $0 \leqq r \leqq \min\{m, n\}$ なる整数 r と，ある m 次正則行列 P と n 次正則行列 Q が存在して

$$PAQ = \begin{pmatrix} E_r & O_{r,n-r} \\ O_{m-r,r} & O_{m-r,n-r} \end{pmatrix}$$

が成り立つ．

定理 4.21. A, B を $m \times n$ 行列とする．もし，ある m 次正則行列 P と n 次正則行列 Q で $B = PAQ$ となるなら，$\mathrm{rank}A = \mathrm{rank}B$ となる．

定理 4.22. A を n 次正方行列とする．このとき次は同値となる．

(1) A は正則である．

(2) $\mathrm{rank}A = n$

(3) A に対して行に関する基本操作を行うことで，単位行列に変形することができる．

(4) ある n 次正則行列 P が存在して，$PA = E_n$ とすることができる．

例 5.39（抜粋）． A を 3 次正方行列とし，

$$A = \begin{pmatrix} a_{11} & a_{12} & a_{13} \\ a_{21} & a_{22} & a_{23} \\ a_{31} & a_{32} & a_{33} \end{pmatrix}$$

とおく．このとき，A の行列式 $\det A$ は

$$\begin{aligned} \det A = {} & a_{11}a_{22}a_{33} + a_{12}a_{23}a_{31} + a_{13}a_{21}a_{32} \\ & - (a_{12}a_{21}a_{33} + a_{13}a_{22}a_{31} + a_{11}a_{23}a_{32}) \end{aligned}$$

となる．

系 5.67. A を n 次正方行列とする．このとき，A が正則行列であるための必要十分条件は $\det A \neq 0$ である．

定理 6.2. n 個の変数による m 個の一次方程式からなる連立一次方程式

$$\begin{cases} a_{11}x_1 + a_{12}x_2 + \cdots + a_{1n}x_n = b_1 \\ a_{21}x_1 + a_{22}x_2 + \cdots + a_{2n}x_n = b_2 \\ \qquad\qquad \vdots \\ a_{m1}x_1 + a_{m2}x_2 + \cdots + a_{mn}x_n = b_m \end{cases}$$

を考える．また，A をこの連立一次方程式の係数行列，$\widetilde{A}$ をその拡大係数行列とする．このとき，次がいえる．

(1) 上の連立一次方程式が解を持つための必要十分条件は

$$\mathrm{rank}\, A = \mathrm{rank}\, \widetilde{A}$$

となることである．

(2) $r = \mathrm{rank}\, A = \mathrm{rank}\, \widetilde{A}$ とする．

・もし $r \neq n$ ならば，解は無数に存在し，$n - r$ 個のパラメータを用いて書ける．

・もし $r = n$ ならば，解はただ 1 組に決まる．

注意 6.6. 特に，$b_1 = 0, \ldots, b_m = 0$ ならば，$\mathrm{rank}\, A = \mathrm{rank}\, \widetilde{A}$ がつねにいえるので，このときは連立一次方程式の解は必ず存在する．

問題解答例

問題 2.3

⑤ 任意の実数 λ, μ と $M(n,\mathbb{R})$ の任意の元 $A = \begin{pmatrix} a_{11} & \cdots & a_{1n} \\ \vdots & \ddots & \vdots \\ a_{n1} & \cdots & a_{nn} \end{pmatrix}$ に対して，

$$
\begin{aligned}
(\lambda+\mu)A &= \begin{pmatrix} (\lambda+\mu)a_{11} & \cdots & (\lambda+\mu)a_{1n} \\ \vdots & \ddots & \vdots \\ (\lambda+\mu)a_{n1} & \cdots & (\lambda+\mu)a_{nn} \end{pmatrix} \\
&= \begin{pmatrix} \lambda a_{11}+\mu a_{11} & \cdots & \lambda a_{1n}+\mu a_{1n} \\ \vdots & \ddots & \vdots \\ \lambda a_{n1}+\mu a_{n1} & \cdots & \lambda a_{nn}+\mu a_{nn} \end{pmatrix} \\
&= \begin{pmatrix} \lambda a_{11} & \cdots & \lambda a_{1n} \\ \vdots & \ddots & \vdots \\ \lambda a_{n1} & \cdots & \lambda a_{nn} \end{pmatrix} + \begin{pmatrix} \mu a_{11} & \cdots & \mu a_{1n} \\ \vdots & \ddots & \vdots \\ \mu a_{n1} & \cdots & \mu a_{nn} \end{pmatrix} \\
&= \lambda A + \mu A
\end{aligned}
$$

⑥ 任意の実数 λ, μ と $M(n,\mathbb{R})$ の任意の元 $A = \begin{pmatrix} a_{11} & \cdots & a_{1n} \\ \vdots & \ddots & \vdots \\ a_{n1} & \cdots & a_{nn} \end{pmatrix}$ に対して，

$$(\lambda\mu)A = (\lambda\mu)\begin{pmatrix} a_{11} & \cdots & a_{1n} \\ \vdots & \ddots & \vdots \\ a_{n1} & \cdots & a_{nn} \end{pmatrix} = \begin{pmatrix} (\lambda\mu)a_{11} & \cdots & (\lambda\mu)a_{1n} \\ \vdots & \ddots & \vdots \\ (\lambda\mu)a_{n1} & \cdots & (\lambda\mu)a_{nn} \end{pmatrix}$$

$$= \begin{pmatrix} \lambda(\mu a_{11}) & \cdots & \lambda(\mu a_{1n}) \\ \vdots & \ddots & \vdots \\ \lambda(\mu a_{n1}) & \cdots & \lambda(\mu a_{nn}) \end{pmatrix} = \lambda\begin{pmatrix} \mu a_{11} & \cdots & \mu a_{1n} \\ \vdots & \ddots & \vdots \\ \mu a_{n1} & \cdots & \mu a_{nn} \end{pmatrix}$$

$$= \lambda\left(\mu\begin{pmatrix} a_{11} & \cdots & a_{1n} \\ \vdots & \ddots & \vdots \\ a_{n1} & \cdots & a_{nn} \end{pmatrix}\right) = \lambda(\mu A)$$

がいえる.

⑦ 任意の実数 λ と $M(n,\mathbb{R})$ の任意の 2 つの元 $A = \begin{pmatrix} a_{11} & \cdots & a_{1n} \\ \vdots & \ddots & \vdots \\ a_{n1} & \cdots & a_{nn} \end{pmatrix}$ と

$B = \begin{pmatrix} b_{11} & \cdots & b_{1n} \\ \vdots & \ddots & \vdots \\ b_{n1} & \cdots & b_{nn} \end{pmatrix}$ に対して

$$\lambda(A+B) = \begin{pmatrix} \lambda(a_{11}+b_{11}) & \cdots & \lambda(a_{1n}+b_{1n}) \\ \vdots & \ddots & \vdots \\ \lambda(a_{n1}+b_{n1}) & \cdots & \lambda(a_{nn}+b_{nn}) \end{pmatrix}$$

$$= \begin{pmatrix} \lambda a_{11}+\lambda b_{11} & \cdots & \lambda a_{1n}+\lambda b_{1n} \\ \vdots & \ddots & \vdots \\ \lambda a_{n1}+\lambda b_{n1} & \cdots & \lambda a_{nn}+\lambda b_{nn} \end{pmatrix}$$

$$= \begin{pmatrix} \lambda a_{11} & \cdots & \lambda a_{1n} \\ \vdots & \ddots & \vdots \\ \lambda a_{n1} & \cdots & \lambda a_{nn} \end{pmatrix} + \begin{pmatrix} \lambda b_{11} & \cdots & \lambda b_{1n} \\ \vdots & \ddots & \vdots \\ \lambda b_{n1} & \cdots & \lambda b_{nn} \end{pmatrix}$$

$$= \lambda A + \lambda B$$

が成り立つ.

⑧ $M(n,\mathbb{R})$ の任意の元 $A = \begin{pmatrix} a_{11} & \cdots & a_{1n} \\ \vdots & \ddots & \vdots \\ a_{n1} & \cdots & a_{nn} \end{pmatrix}$ に対して

$$1 \cdot A = 1 \cdot \begin{pmatrix} a_{11} & \cdots & a_{1n} \\ \vdots & \ddots & \vdots \\ a_{n1} & \cdots & a_{nn} \end{pmatrix} = \begin{pmatrix} 1 \cdot a_{11} & \cdots & 1 \cdot a_{1n} \\ \vdots & \ddots & \vdots \\ 1 \cdot a_{n1} & \cdots & 1 \cdot a_{nn} \end{pmatrix} = A.$$

問題 2.4

⑤ 任意の実数 λ, μ と $P(n, \mathbb{R})$ の任意の元 $f(X) = \sum_{i=0}^{n} a_i X^i$ に対し

$$\begin{aligned}(\lambda + \mu) f(X) &= \sum_{i=0}^{n} \{(\lambda + \mu) a_i\} X^i = \sum_{i=0}^{n} (\lambda a_i + \mu a_i) X^i \\ &= \sum_{i=0}^{n} (\lambda a_i) X^i + \sum_{i=0}^{n} (\mu a_i) X^i = \lambda f(X) + \mu f(X)\end{aligned}$$

⑥ 任意の実数 λ, μ と $P(n, \mathbb{R})$ の任意の元 $f(X) = \sum_{i=0}^{n} a_i X^i$ に対し

$$\begin{aligned}(\lambda\mu) f(X) &= \sum_{i=0}^{n} \{(\lambda\mu) a_i\} X^i = \sum_{i=0}^{n} \{\lambda(\mu a_i)\} X^i = \lambda \sum_{i=0}^{n} (\mu a_i) X^i \\ &= \lambda \left(\mu \left(\sum_{i=0}^{n} a_i X^i \right) \right) = \lambda(\mu f(X))\end{aligned}$$

⑦ 任意の実数 λ と，$P(n, \mathbb{R})$ の任意の 2 つの元

$$f(X) = \sum_{i=0}^{n} a_i X^i \quad と \quad g(X) = \sum_{i=0}^{n} b_i X^i に対し$$

$$\begin{aligned}\lambda(f(X) + g(X)) &= \lambda \left(\sum_{i=0}^{n} (a_i + b_i) X^i \right) = \sum_{i=0}^{n} \lambda(a_i + b_i) X^i \\ &= \sum_{i=0}^{n} (\lambda a_i + \lambda b_i) X^i = \sum_{i=0}^{n} (\lambda a_i) X^i + \sum_{i=0}^{n} (\lambda b_i) X^i \\ &= \lambda \sum_{i=0}^{n} a_i X^i + \lambda \sum_{i=0}^{n} b_i X^i = \lambda f(X) + \lambda g(X)\end{aligned}$$

⑧ $P(n, \mathbb{R})$ の任意の元 $f(X) = \sum_{i=0}^{n} a_i X^i$ に対し

$$1 \cdot f(X) = 1 \cdot \left(\sum_{i=0}^{n} a_i X^i \right) = \sum_{i=0}^{n} (1 \cdot a_i) X^i = \sum_{i=0}^{n} a_i X^i = f(X)$$

問題 2.5. 定義された和とスカラー倍に対して $V_1 \times V_2$ が $\mathbb{R}$ 上のベクトル空間となることをベクトル空間の定義 1.4 に従って確認してみる．

① $V_1 \times V_2$ の任意の元 $(\boldsymbol{v}_1, \boldsymbol{v}_2)$, $(\boldsymbol{w}_1, \boldsymbol{w}_2)$ に対して

$$\begin{aligned}(\boldsymbol{v}_1, \boldsymbol{v}_2) + (\boldsymbol{w}_1, \boldsymbol{w}_2) &= (\boldsymbol{v}_1 + \boldsymbol{w}_1, \boldsymbol{v}_2 + \boldsymbol{w}_2)\\ &= (\boldsymbol{w}_1 + \boldsymbol{v}_1, \boldsymbol{w}_2 + \boldsymbol{v}_2)\\ &= (\boldsymbol{w}_1, \boldsymbol{w}_2) + (\boldsymbol{v}_1, \boldsymbol{v}_2)\end{aligned}$$

② $V_1 \times V_2$ の任意の元 $(\boldsymbol{u}_1, \boldsymbol{u}_2)$, $(\boldsymbol{v}_1, \boldsymbol{v}_2)$, $(\boldsymbol{w}_1, \boldsymbol{w}_2)$ に対して

$$\begin{aligned}\{(\boldsymbol{u}_1, \boldsymbol{u}_2) + (\boldsymbol{v}_1, \boldsymbol{v}_2)\} + (\boldsymbol{w}_1, \boldsymbol{w}_2) &= (\boldsymbol{u}_1 + \boldsymbol{v}_1, \boldsymbol{u}_2 + \boldsymbol{v}_2) + (\boldsymbol{w}_1, \boldsymbol{w}_2)\\ &= ((\boldsymbol{u}_1 + \boldsymbol{v}_1) + \boldsymbol{w}_1, (\boldsymbol{u}_2 + \boldsymbol{v}_2) + \boldsymbol{w}_2)\\ &= (\boldsymbol{u}_1 + (\boldsymbol{v}_1 + \boldsymbol{w}_1), \boldsymbol{u}_2 + (\boldsymbol{v}_2 + \boldsymbol{w}_2))\\ &= (\boldsymbol{u}_1, \boldsymbol{u}_2) + (\boldsymbol{v}_1 + \boldsymbol{w}_1, \boldsymbol{v}_2 + \boldsymbol{w}_2)\\ &= (\boldsymbol{u}_1, \boldsymbol{u}_2) + \{(\boldsymbol{v}_1, \boldsymbol{v}_2) + (\boldsymbol{w}_1, \boldsymbol{w}_2)\}\end{aligned}$$

③ $V_1 \times V_2$ の零元は $(\mathbf{0}_{V_1}, \mathbf{0}_{V_2})$ である．なぜならば $V_1 \times V_2$ の任意の元 $\boldsymbol{v} = (\boldsymbol{v}_1, \boldsymbol{v}_2)$ に対して

$$(\mathbf{0}_{V_1}, \mathbf{0}_{V_2}) + (\boldsymbol{v}_1, \boldsymbol{v}_2) = (\mathbf{0}_{V_1} + \boldsymbol{v}_1, \mathbf{0}_{V_2} + \boldsymbol{v}_2) = (\boldsymbol{v}_1, \boldsymbol{v}_2)$$

$$(\boldsymbol{v}_1, \boldsymbol{v}_2) + (\mathbf{0}_{V_1}, \mathbf{0}_{V_2}) = (\boldsymbol{v}_1 + \mathbf{0}_{V_1}, \boldsymbol{v}_2 + \mathbf{0}_{V_2}) = (\boldsymbol{v}_1, \boldsymbol{v}_2)$$

がいえるからである．

④ $V_1 \times V_2$ の任意の元 $(\boldsymbol{u}, \boldsymbol{v})$ に対して $(-\boldsymbol{u}, -\boldsymbol{v})$ が $(\boldsymbol{u}, \boldsymbol{v})$ の和に関する逆元となる．なぜならば

$$(\boldsymbol{u}, \boldsymbol{v}) + (-\boldsymbol{u}, -\boldsymbol{v}) = (\boldsymbol{u} + (-\boldsymbol{u}), \boldsymbol{v} + (-\boldsymbol{v})) = (\mathbf{0}_{V_1}, \mathbf{0}_{V_2})$$
$$(-\boldsymbol{u}, -\boldsymbol{v}) + (\boldsymbol{u}, \boldsymbol{v}) = ((-\boldsymbol{u}) + \boldsymbol{u}, (-\boldsymbol{v}) + \boldsymbol{v}) = (\mathbf{0}_{V_1}, \mathbf{0}_{V_2})$$

となるからである．

以上により $V_1 \times V_2$ は加群となる．

⑤ 任意の実数 λ, μ と $V_1 \times V_2$ の任意の元 $(\boldsymbol{v}_1, \boldsymbol{v}_2)$ に対して，

$$\begin{aligned}(\lambda + \mu)(\boldsymbol{v}_1, \boldsymbol{v}_2) &= ((\lambda + \mu)\boldsymbol{v}_1, (\lambda + \mu)\boldsymbol{v}_2)\\ &= (\lambda\boldsymbol{v}_1 + \mu\boldsymbol{v}_1, \lambda\boldsymbol{v}_2 + \mu\boldsymbol{v}_2)\\ &= (\lambda\boldsymbol{v}_1, \lambda\boldsymbol{v}_2) + (\mu\boldsymbol{v}_1, \mu\boldsymbol{v}_2)\\ &= \lambda(\boldsymbol{v}_1, \boldsymbol{v}_2) + \mu(\boldsymbol{v}_1, \boldsymbol{v}_2).\end{aligned}$$

⑥ 任意の実数 λ, μ と $V_1 \times V_2$ の任意の元 $(\boldsymbol{v}_1, \boldsymbol{v}_2)$ に対して，

$$\begin{aligned}(\lambda\mu)(\boldsymbol{v}_1, \boldsymbol{v}_2) &= ((\lambda\mu)\boldsymbol{v}_1, (\lambda\mu)\boldsymbol{v}_2) = (\lambda(\mu\boldsymbol{v}_1), \lambda(\mu\boldsymbol{v}_2))\\ &= \lambda(\mu\boldsymbol{v}_1, \mu\boldsymbol{v}_2) = \lambda(\mu(\boldsymbol{v}_1, \boldsymbol{v}_2)).\end{aligned}$$

⑦ 任意の実数 λ と $V_1 \times V_2$ の任意の 2 つの元 $(\boldsymbol{u}_1, \boldsymbol{u}_2)$, $(\boldsymbol{v}_1, \boldsymbol{v}_2)$ に対して

$$\begin{aligned}\lambda((\boldsymbol{u}_1,\boldsymbol{u}_2)+(\boldsymbol{v}_1,\boldsymbol{v}_2)) &= \lambda(\boldsymbol{u}_1+\boldsymbol{v}_1,\boldsymbol{u}_2+\boldsymbol{v}_2)\\ &= (\lambda(\boldsymbol{u}_1+\boldsymbol{v}_1),\lambda(\boldsymbol{u}_2+\boldsymbol{v}_2))\\ &= (\lambda\boldsymbol{u}_1+\lambda\boldsymbol{v}_1,\lambda\boldsymbol{u}_2+\lambda\boldsymbol{v}_2)\\ &= (\lambda\boldsymbol{u}_1,\lambda\boldsymbol{u}_2)+(\lambda\boldsymbol{v}_1,\lambda\boldsymbol{v}_2)\\ &= \lambda(\boldsymbol{u}_1,\boldsymbol{u}_2)+\lambda(\boldsymbol{v}_1,\boldsymbol{v}_2)\end{aligned}$$

⑧ $V_1 \times V_2$ の任意の元 $(\boldsymbol{u}_1,\boldsymbol{u}_2)$ に対して

$$1\cdot(\boldsymbol{u}_1,\boldsymbol{u}_2) = (1\cdot\boldsymbol{u}_1, 1\cdot\boldsymbol{u}_2) = (\boldsymbol{u}_1,\boldsymbol{u}_2)$$

以上により $V_1 \times V_2$ は $\mathbb{R}$ 上のベクトル空間となることが示された．

問題 2.8.　和とスカラー倍を次のように定義する．

(1) の場合．（和）$\mathbb{C}$ の任意の 2 つの元 $\alpha = a + bi$, $\beta = c + di$（ただし a, b, c, d は実数）に対して $\alpha + \beta = (a + c) + (b + d)i$ と定義する．

（スカラー倍）任意の実数 λ と $\mathbb{C}$ の任意の元 $\alpha = a + bi$（ただし a, b は実数）に対して $\lambda\alpha = (\lambda a) + (\lambda b)i$ と定義する．

(2) の場合．この場合はスカラー倍が (1) と異なるので注意が必要である．

（和）(1) の場合と同様に定義する．

（スカラー倍）任意の複素数 $\lambda = p + qi$（ただし p, q は実数）と $\mathbb{C}$ の任意の元 $\alpha = a + bi$（ただし a, b は実数）に対して $\lambda\alpha = (p + qi)(a + bi) = (pa - qb) + (pb + qa)i$ と定義する．

このときベクトル空間の定義より定義 1.2 の①から④までと定義 1.4 の⑤から⑧までを確認すればよい．

(1) の場合（以下で r, s, t, u, v, w は実数とする）．

① $\mathbb{C}$ の任意の 2 つの元 $\alpha = r + si$ と $\beta = t + ui$ に対して

$$\alpha + \beta = (r + t) + (s + u)i = (t + r) + (u + s)i = \beta + \alpha$$

が成立する．

② $\mathbb{C}$ の任意の 3 つの元 $\alpha = r + si$, $\beta = t + ui$, $\gamma = v + wi$ に対して

$$\begin{aligned}(\alpha+\beta)+\gamma &= ((r+t)+(s+u)i)+(v+wi)\\ &= ((r+t)+v)+((s+u)+w)i\\ &= (r+(t+v))+(s+(u+w))i\\ &= (r+si)+((t+v)+(u+w)i)\\ &= \alpha+(\beta+\gamma)\end{aligned}$$

が成立する．

③ $\mathbb{C}$ の零元は $\mathbf{0}_{\mathbb{C}} = 0 + 0i$ である．理由は $\mathbb{C}$ の任意の元 $\alpha = r + si$ に対して

$$\alpha + (0+0i) = (r+0) + (s+0)i = r + si = \alpha,$$
$$(0+0i) + \alpha = (0+r) + (0+s)i = r + si = \alpha$$

が成り立つからである．

④ $\mathbb{C}$ の任意の元 $\alpha = r + si$ に対して，この逆元は $-\alpha = (-r) + (-s)i$ である．なぜならば

$$\alpha + (-\alpha) = (r + (-r)) + (s + (-s))i = 0 + 0i = \mathbf{0}_{\mathbb{C}}$$

$$(-\alpha) + \alpha = ((-r) + r) + ((-s) + s)i = 0 + 0i = \mathbf{0}_{\mathbb{C}}$$

が成り立つからである．

以上より $\mathbb{C}$ は加群になる．

⑤ 任意の実数 λ, μ と $\mathbb{C}$ の任意の元 $\alpha = r + si$ に対して，

$$\begin{aligned}(\lambda+\mu)\alpha &= (\lambda+\mu)(r+si) = ((\lambda+\mu)r) + ((\lambda+\mu)s)i \\ &= (\lambda r + \mu r) + (\lambda s + \mu s)i = \lambda r + (\lambda s)i + \mu r + (\mu s)i \\ &= \lambda(r+si) + \mu(r+si) = \lambda\alpha + \mu\alpha\end{aligned}$$

⑥ 任意の実数 λ, μ と $\mathbb{C}$ の任意の元 $\alpha = r + si$ に対して，

$$\begin{aligned}(\lambda\mu)\alpha &= (\lambda\mu)(r+si) = (\lambda\mu)r + \{(\lambda\mu)s\}i = \lambda(\mu r) + \{\lambda(\mu s)\}i \\ &= \lambda(\mu r + \mu si) = \lambda(\mu(r+si)) = \lambda(\mu\alpha)\end{aligned}$$

⑦ 任意の実数 λ と，$\mathbb{C}$ の任意の 2 つの元 $\alpha = r + si$ と $\beta = t + ui$ に対して

$$\begin{aligned}\lambda(\alpha+\beta) &= \lambda((r+t) + (s+u)i) = \lambda(r+t) + \lambda(s+u)i \\ &= (\lambda r + \lambda t) + (\lambda s + \lambda u)i \\ &= \{\lambda r + (\lambda s)i\} + \{\lambda t + (\lambda u)i\} = \lambda(r+si) + \lambda(t+ui) \\ &= \lambda\alpha + \lambda\beta\end{aligned}$$

が成立する．

⑧ $\mathbb{C}$ の任意の元 $\alpha = r + si$ に対して $1 \cdot \alpha = 1(r+si) = 1 \cdot r + (1 \cdot s)i = r + si = \alpha$ が成立する．

以上により示された．

(2) について．①，②，③，④，⑧については (1) と同じである．しかし⑤，⑥，⑦が変わり，以下のようになる（ただし m, n, p, q, r, s, t, u は実数とする）．

⑤ 任意の 2 つの複素数 $\lambda = m + ni$, $\mu = p + qi$ と $\mathbb{C}$ の任意の元 $\alpha = r + si$ に対して，

$$(\lambda+\mu)\alpha = ((m+p)+(n+q)i)(r+si)$$
$$= ((m+p)r-(n+q)s)+((m+p)s+(n+q)r)i$$
$$= (mr+pr-ns-qs)+(ms+ps+nr+qr)i$$

が成り立つ．一方

$$\lambda\alpha+\mu\alpha = (m+ni)(r+si)+(p+qi)(r+si)$$
$$= (mr-ns)+(ms+nr)i+(pr-qs)+(ps+qr)i$$
$$= (mr-ns+pr-qs)+(ms+nr+ps+qr)i$$

もいえるので $(\lambda+\mu)\alpha = \lambda\alpha+\mu\alpha$ がいえる．

⑥ 任意の 2 つの複素数 $\lambda = m+ni$, $\mu = p+qi$ と $\mathbb{C}$ の任意の元 $\alpha = r+si$ に対して，

$$(\lambda\mu)\alpha = ((m+ni)(p+qi))(r+si)$$
$$= ((mp-nq)+(mq+np)i)(r+si)$$
$$= ((mp-nq)r-(mq+np)s)+((mp-nq)s+(mq+np)r)i$$
$$= (mpr-nqr-mqs-nps)+(mps-nqs+mqr+npr)i$$

が成り立つ．一方

$$\lambda(\mu\alpha) = (m+ni)((p+qi)(r+si)) = (m+ni)((pr-qs)+(ps+qr)i)$$
$$= (m(pr-qs)-n(ps+qr))+(n(pr-qs)+m(ps+qr))i$$
$$= (mpr-mqs-nps-nqr)+(npr-nqs+mps+mqr)i$$

もいえるので $(\lambda\mu)\alpha = \lambda(\mu\alpha)$ がいえる．

⑦ 任意の複素数 $\lambda = m+ni$ と，$\mathbb{C}$ の任意の 2 つの元 $\alpha = r+si$ と $\beta = t+ui$ に対して

$$\lambda(\alpha+\beta) = (m+ni)((r+t)+(s+u)i)$$
$$= (m(r+t)-n(s+u))+(m(s+u)+n(r+t))i$$
$$= (mr+mt-ns-nu)+(ms+mu+nr+nt)i$$

が成り立つ．一方

$$\lambda\alpha+\lambda\beta = (m+ni)(r+si)+(m+ni)(t+ui)$$
$$= (mr-ns)+(ms+nr)i+(mt-nu)+(mu+nt)i$$
$$= (mr-ns+mt-nu)+(ms+nr+mu+nt)i$$

が成立する．したがって $\lambda(\alpha+\beta) = \lambda\alpha+\lambda\beta$ がいえる．

問題 3.7. $\boldsymbol{m}$ に関する数学的帰納法で示す．

(i) 初期条件について考える．$m = 2$ の場合は定理 3.5 であるのでこのときは正しいことがわかる．

(ii) $m=k$ のとき正しいと仮定して $m=k+1$ の場合を考える．$W=V_1\cap\cdots\cap V_k$ とおくと仮定より W は V の部分ベクトル空間である．ここで

$$V_1\cap\cdots\cap V_k\cap V_{k+1}=W\cap V_{k+1}$$

であることに注意する．すると，定理 3.5 により $W\cap V_{k+1}$ は V の部分ベクトル空間であることがわかる．よって $V_1\cap\cdots\cap V_k\cap V_{k+1}$ が V の部分ベクトル空間であることが示された．以上 (i)，(ii) より題意が得られた．

問題 3.11.　$V_1\subset V_1+V_2$ を示す．まず系 3.3 より $\mathbf{0}_V\in V_2$ であることに注意する．V_1 の任意の元 $\boldsymbol{v}_1$ に対して $\boldsymbol{v}_1=\boldsymbol{v}_1+\mathbf{0}_V\in V_1+V_2$ となるので示された．$V_2\subset V_1+V_2$ も同様に示される．

問題 3.15.　定理 3.2 の (ii.1) と (ii.2) を確認すればよい．

(ii.1) について．V の任意の 2 つの元 $\boldsymbol{v}_1=\begin{pmatrix}a_1\\b_1\\c_1\end{pmatrix},\boldsymbol{v}_2=\begin{pmatrix}a_2\\b_2\\c_2\end{pmatrix}$ は，

$$(a)\quad 2a_1-3b_1+c_1=0,\quad (b)\quad a_1+b_1+c_1=0,$$

$$(c)\quad 2a_2-3b_2+c_2=0,\quad (d)\quad a_2+b_2+c_2=0.$$

をみたす．すると，(a) と (c), (b) と (d) をそれぞれ足すことにより，

$$2(a_1+a_2)-3(b_1+b_2)+(c_1+c_2)=0$$
$$(a_1+a_2)+(b_1+b_2)+(c_1+c_2)=0$$

を得ることができる．したがって V の定義より

$$\boldsymbol{v}_1+\boldsymbol{v}_2=\begin{pmatrix}a_1+a_2\\b_1+b_2\\c_1+c_2\end{pmatrix}\in V$$

となることがわかる．

(ii.2) について．V の任意の元 $\boldsymbol{v}=\begin{pmatrix}a\\b\\c\end{pmatrix}$ をとると

$$2a-3b+c=0,\quad a+b+c=0$$

をみたす．したがって，これらの式を実数 λ 倍すると

$$2(\lambda a)-3(\lambda b)+(\lambda c)=0,\quad (\lambda a)+(\lambda b)+(\lambda c)=0$$

をみたすので

$$\lambda \boldsymbol{v} = \begin{pmatrix} \lambda a \\ \lambda b \\ \lambda c \end{pmatrix} \in V$$

となることがわかる．以上より V は $\mathbb{R}^3$ の部分ベクトル空間となる．

問題 3.16

定義より $P(2,\mathbb{R})$ は $P(3,\mathbb{R})$ の部分集合となる．また，$P(2,\mathbb{R})$ における和とスカラー倍として，$P(2,\mathbb{R})$ の元を $P(3,\mathbb{R})$ の元と思ったときの和とスカラー倍を考える．このとき $P(2,\mathbb{R})$ は，部分ベクトル空間の条件である定理 3.2 の (ii.1) と (ii.2) の条件をみたすことが容易にわかる．したがって $P(2,\mathbb{R})$ は $P(3,\mathbb{R})$ の部分ベクトル空間となる．

問題 3.24. 次を示せばよい．

> $\boldsymbol{(a)}\ \langle \boldsymbol{x^3 - 2x, x^3, x} \rangle \supset \langle \boldsymbol{x^3, x} \rangle$,
> $\boldsymbol{(b)}\ \langle \boldsymbol{x^3 - 2x, x^3, x} \rangle \subset \langle \boldsymbol{x^3, x} \rangle$

$\boldsymbol{(a)}$ について． $\{x^3, x\} \subset \langle x^3 - 2x, x^3, x \rangle$ なので注意 3.22 からいえる．

$\boldsymbol{(b)}$ について． $\langle x^3, x \rangle$ は $\mathbb{R}$ 上のベクトル空間であり，かつ $x^3, x \in \langle x^3, x \rangle$ なので $x^3 - 2x \in \langle x^3, x \rangle$ である．したがって $\{x^3 - 2x, x^3, x\} \subset \langle x^3, x \rangle$ となり，注意 3.22 からいえる．

問題 4.4. (1)

$$A = \begin{pmatrix} \boldsymbol{v}_1 & \boldsymbol{v}_2 & \boldsymbol{v}_3 \end{pmatrix} = \begin{pmatrix} -2 & -1 & -7 \\ -3 & 2 & -21 \\ 1 & 1 & x \end{pmatrix}$$

とおく．すると命題 4.3 より $\boldsymbol{v}_1$，$\boldsymbol{v}_2$，$\boldsymbol{v}_3$ が一次従属であるためには A が正則行列でなければよい．[5, 系 5.67]（付録参照）より A が正則行列でないためには A の行列式 $\det(A)$ が 0 であればよい．そこで [5, 例 5.39]（付録参照）より A の行列式を求めると，$\det(A) = -4x + 21 + 21 - (-14 + 3x + 42) = 14 - 7x$ となるので $x = 2$ となる．

(2) もし必要ならば U の元の添え字を付け替えることで $U = \{\boldsymbol{u}_1, \ldots, \boldsymbol{u}_t\}$ としても一般性は失われない（t は $1 \leq t < k$ をみたす整数）．すると一次独立の定義より次を示すことが目標になる．

> （目標） 実数 $\alpha_1, \ldots, \alpha_t$ が $\alpha_1 \boldsymbol{u}_1 + \cdots + \alpha_t \boldsymbol{u}_t = \boldsymbol{0}_V$ をみたすならば，$\alpha_1 = 0, \cdots, \alpha_t = 0$ となる．

ここで $t + 1 \leq j \leq k$ なる任意の j に対し，$\alpha_j = 0$ とおくと

$$\alpha_1 \boldsymbol{u}_1 + \cdots + \alpha_t \boldsymbol{u}_t = \sum_{i=1}^{t} \alpha_i \boldsymbol{u}_i + \sum_{i=t+1}^{k} 0 \cdot \boldsymbol{u}_i$$
$$= \sum_{i=1}^{k} \alpha_i \boldsymbol{u}_i$$

となる（最後の等式は総和が 1 から k になっていることに注意せよ）．したがって仮定から $\sum_{i=1}^{k} \alpha_i \boldsymbol{u}_i = \boldsymbol{0}_V$ となる．ところが $\boldsymbol{u}_1, \ldots, \boldsymbol{u}_k$ は一次独立より任意の i に対して $\alpha_i = 0$ となる．特に $\alpha_1 = 0, \ldots, \alpha_t = 0$ となり，目標がいえる．

問題 4.20. 次の (1) と (2) を示すことが目標である．

(1)　$W_1 + W_2 \supset \langle \boldsymbol{u}_1, \ldots, \boldsymbol{u}_m, \boldsymbol{v}_1, \ldots, \boldsymbol{v}_n \rangle$
(2)　$W_1 + W_2 \subset \langle \boldsymbol{u}_1, \ldots, \boldsymbol{u}_m, \boldsymbol{v}_1, \ldots, \boldsymbol{v}_n \rangle$

(1) について．仮定と問題 3.11 より $\{\boldsymbol{u}_1, \ldots, \boldsymbol{u}_m\} \subset W_1 \subset W_1 + W_2$ と $\{\boldsymbol{v}_1, \ldots, \boldsymbol{v}_n\} \subset W_2 \subset W_1 + W_2$ がいえる．よって注意 3.22 より (1) が示せる．

(2) について．$W_1 + W_2$ の任意の元 $\boldsymbol{w}$ をとる．このとき $\boldsymbol{w}$ が $\langle \boldsymbol{u}_1, \ldots, \boldsymbol{u}_m, \boldsymbol{v}_1, \ldots, \boldsymbol{v}_n \rangle$ の元となればよい．$W_1 + W_2$ の定義より W_1 のある元 $\boldsymbol{w}_1$ と W_2 のある元 $\boldsymbol{w}_2$ で $\boldsymbol{w} = \boldsymbol{w}_1 + \boldsymbol{w}_2$ なるものが存在する．さらに $\boldsymbol{w}_1 \in W_1 = \langle \boldsymbol{u}_1, \ldots, \boldsymbol{u}_m \rangle$ よりある実数 $a_1, \ldots, a_m$ で

$$\boldsymbol{w}_1 = \sum_{i=1}^{m} a_i \boldsymbol{u}_i$$

なるものが存在する．同様にして $\boldsymbol{w}_2 \in W_2 = \langle \boldsymbol{v}_1, \ldots, \boldsymbol{v}_n \rangle$ よりある実数 $b_1, \ldots, b_n$ で

$$\boldsymbol{w}_2 = \sum_{i=1}^{n} b_i \boldsymbol{v}_i$$

なるものが存在する．これより

$$\boldsymbol{w} = \boldsymbol{w}_1 + \boldsymbol{w}_2 = \sum_{i=1}^{m} a_i \boldsymbol{u}_i + \sum_{i=1}^{n} b_i \boldsymbol{v}_i$$

となる．ところが

$$\sum_{i=1}^{m} a_i \boldsymbol{u}_i + \sum_{i=1}^{n} b_i \boldsymbol{v}_i \in \langle \boldsymbol{u}_1, \ldots, \boldsymbol{u}_m, \boldsymbol{v}_1, \ldots, \boldsymbol{v}_n \rangle$$

なので (2) の主張がいえた．($W_1 + W_2$ の次元の求め方については第 5 章

系 5.30 や問題 5.32 を見よ).

問題 4.22. 次を示せばよい.

(1) $\langle \boldsymbol{v} \rangle$ は $\boldsymbol{v}$ で生成されること. (2) $\boldsymbol{v}$ が一次独立となること.

(1) は $\langle \boldsymbol{v} \rangle$ の定義よりいえる.

次に (2) を示す. もしある実数 a で $a\boldsymbol{v} = \mathbf{0}_V$ となるものがあったとする. このとき目標は $\boldsymbol{a = 0}$ を示すことである.

これを背理法で示す. もし $a \neq 0$ とすると, $a^{-1} \in \mathbb{R}$ であることに注意する. $a\boldsymbol{v} = \mathbf{0}_V$ の両辺に a^{-1} を掛けると第 1 章 零元の性質 (ii) より $\boldsymbol{v} = a^{-1} \cdot \mathbf{0}_V = \mathbf{0}_V$ となり, 仮定に矛盾する. したがって $a = 0$ となり目標が示された.

問題 4.27. 次の 2 つのことを確認すればよい.

(1) V の任意の元は X, X^2, X^3 を用いてあらわされる. (2) X, X^2, X^3 は一次独立である.

(1) について. V の任意の元 $\boldsymbol{v}$ は, ある実数 a, b, c を用いて $\boldsymbol{v} = aX + bX^2 + cX^3$ と書けるので, (1) についてはいえる.

(2) について. 一次独立の定義を考えると, 次を示すことが目標となる:

実数 a, b, c に対して $aX + bX^2 + cX^3 = \mathbf{0}_V$ をみたすならば $a = 0, b = 0, c = 0$ となる.

しかしこれについては自明である. 以上より $\{X,\ X^2,\ X^3\}$ は V の基底となる.

問題 4.29. V の元を定義する次の一次方程式

$$2x - 3y + z = 0$$

を解く. $z = -2x + 3y$ と書くことができるので

$$\begin{pmatrix} x \\ y \\ z \end{pmatrix} = \begin{pmatrix} x \\ y \\ -2x + 3y \end{pmatrix} = x \begin{pmatrix} 1 \\ 0 \\ -2 \end{pmatrix} + y \begin{pmatrix} 0 \\ 1 \\ 3 \end{pmatrix}$$

となる. したがってこの一次方程式の解は, 2 つのパラメーター s, t を用いて

$$\begin{pmatrix} x \\ y \\ z \end{pmatrix} = s \begin{pmatrix} 1 \\ 0 \\ -2 \end{pmatrix} + t \begin{pmatrix} 0 \\ 1 \\ 3 \end{pmatrix}$$

と表され，これより V を次のように書き換えることができる．

$$V = \left\{ s\begin{pmatrix} 1 \\ 0 \\ -2 \end{pmatrix} + t\begin{pmatrix} 0 \\ 1 \\ 3 \end{pmatrix} \in \mathbb{R}^3 \;\middle|\; s, t \in \mathbb{R} \right\}$$

つまり V はベクトル $\boldsymbol{a} = \begin{pmatrix} 1 \\ 0 \\ -2 \end{pmatrix}$ と $\boldsymbol{b} = \begin{pmatrix} 0 \\ 1 \\ 3 \end{pmatrix}$ で生成される．次に $\boldsymbol{a}$ と $\boldsymbol{b}$ が一次独立であることを示す．実数 a, b に対して

$$a\begin{pmatrix} 1 \\ 0 \\ -2 \end{pmatrix} + b\begin{pmatrix} 0 \\ 1 \\ 3 \end{pmatrix} = \begin{pmatrix} 0 \\ 0 \\ 0 \end{pmatrix}$$

とすると，$a = 0, b = 0$ が成り立つことがわかり，$\boldsymbol{a}$ と $\boldsymbol{b}$ が一次独立であることが示された．以上より $\boldsymbol{a}$ と $\boldsymbol{b}$ は V の基底となることがわかる．したがって V の次元は 2 であり，基底は $\begin{pmatrix} 1 \\ 0 \\ -2 \end{pmatrix}$ と $\begin{pmatrix} 0 \\ 1 \\ 3 \end{pmatrix}$ である．

問題 4.30.

$$\left\{ \begin{pmatrix} 1 & 1 \\ 1 & 0 \end{pmatrix}, \begin{pmatrix} 1 & 0 \\ 1 & 1 \end{pmatrix}, \begin{pmatrix} 0 & 1 \\ 1 & 1 \end{pmatrix}, \begin{pmatrix} 1 & 1 \\ 0 & 1 \end{pmatrix} \right\} \qquad (\spadesuit)$$

が基底となることを示すには，次の 2 つを確認すればよい．

(1) $M(2, \mathbb{R})$ の任意の元は ($\spadesuit$) の元を用いてあらわされる．
(2) ($\spadesuit$) の元は一次独立である．

(1) について．$M(2, \mathbb{R})$ の任意の元 $\boldsymbol{v}$ は，ある実数 a, b, c, d を用いて

$$\boldsymbol{v} = \begin{pmatrix} a & b \\ c & d \end{pmatrix}$$

と書ける．このとき

$$\begin{aligned} \boldsymbol{v} = {} & \frac{a+b+c-2d}{3}\begin{pmatrix} 1 & 1 \\ 1 & 0 \end{pmatrix} + \frac{a+c+d-2b}{3}\begin{pmatrix} 1 & 0 \\ 1 & 1 \end{pmatrix} \\ & + \frac{b+c+d-2a}{3}\begin{pmatrix} 0 & 1 \\ 1 & 1 \end{pmatrix} + \frac{a+b+d-2c}{3}\begin{pmatrix} 1 & 1 \\ 0 & 1 \end{pmatrix} \end{aligned}$$

が成り立つので，(1) についてはいえる．

(2) について．一次独立の定義を考えると，次を示すことが目標となる．

> （目標） 実数 $\alpha, \beta, \gamma, \delta$ に対して
> $$\alpha\begin{pmatrix}1&1\\1&0\end{pmatrix}+\beta\begin{pmatrix}1&0\\1&1\end{pmatrix}+\gamma\begin{pmatrix}0&1\\1&1\end{pmatrix}+\delta\begin{pmatrix}1&1\\0&1\end{pmatrix}=\begin{pmatrix}0&0\\0&0\end{pmatrix}$$
> をみたすならば $\alpha=0, \beta=0, \gamma=0, \delta=0$ となる．

ところが，上記の左辺を計算すると $\begin{pmatrix}\alpha+\beta+\delta & \alpha+\gamma+\delta\\ \alpha+\beta+\gamma & \beta+\gamma+\delta\end{pmatrix}$ となるので $\alpha=0, \beta=0, \gamma=0, \delta=0$ はいえる．以上より (♠) は $M(2, \mathbb{R})$ の基底となる．

問題 5.5. 命題 5.4 より，次を示せばよい．

> （目標） 任意の 2 つの実数 a, b と U の任意の 2 つの元 $\boldsymbol{u}_1, \boldsymbol{u}_2$ に対して
> $$(g\circ f)(a\boldsymbol{u}_1+b\boldsymbol{u}_2)=a(g\circ f)(\boldsymbol{u}_1)+b(g\circ f)(\boldsymbol{u}_2)$$

まず合成写像の定義と f が線形写像であることより次がいえる．

$$(g\circ f)(a\boldsymbol{u}_1+b\boldsymbol{u}_2)=g(f(a\boldsymbol{u}_1+b\boldsymbol{u}_2))=g(af(\boldsymbol{u}_1)+bf(\boldsymbol{u}_2))$$

ここで $\boldsymbol{v}_1:=f(\boldsymbol{u}_1), \boldsymbol{v}_2:=f(\boldsymbol{u}_2)$ とおくと，g が線形写像であることより

$$\begin{aligned}(g\circ f)(a\boldsymbol{u}_1+b\boldsymbol{u}_2)&=g(a\boldsymbol{v}_1+b\boldsymbol{v}_2)=ag(\boldsymbol{v}_1)+bg(\boldsymbol{v}_2)\\&=ag(f(\boldsymbol{u}_1))+bg(f(\boldsymbol{u}_2))\\&=a(g\circ f)(\boldsymbol{u}_1)+b(g\circ f)(\boldsymbol{u}_2).\end{aligned}$$

以上より示された．

問題 5.13.

$$A=\begin{pmatrix}a_{11}&\cdots&a_{1m}\\\vdots&\ddots&\vdots\\a_{n1}&\cdots&a_{nm}\end{pmatrix}$$

とおく．命題 5.4 より次の目標を示せばよい．

> （目標） $\mathbb{R}^m$ の任意の元 $\boldsymbol{x}=\begin{pmatrix}b_1\\\vdots\\b_m\end{pmatrix}, \boldsymbol{y}=\begin{pmatrix}c_1\\\vdots\\c_m\end{pmatrix}$ と任意の実数 r, s に対して $m_A(r\boldsymbol{x}+s\boldsymbol{y})=rm_A(\boldsymbol{x})+sm_A(\boldsymbol{y})$ が成り立つこと．

すると

$$\begin{aligned}
&m_A(r\boldsymbol{x}+s\boldsymbol{y})\\
&=\begin{pmatrix} a_{11} & \cdots & a_{1m} \\ \vdots & \ddots & \vdots \\ a_{n1} & \cdots & a_{nm} \end{pmatrix}\begin{pmatrix} rb_1+sc_1 \\ \vdots \\ rb_m+sc_m \end{pmatrix}\\
&=\begin{pmatrix} \displaystyle\sum_{i=1}^{m} a_{1i}(rb_i+sc_i) \\ \vdots \\ \displaystyle\sum_{i=1}^{m} a_{ni}(rb_i+sc_i) \end{pmatrix} = r\begin{pmatrix} \displaystyle\sum_{i=1}^{m} a_{1i}b_i \\ \vdots \\ \displaystyle\sum_{i=1}^{m} a_{ni}b_i \end{pmatrix} + s\begin{pmatrix} \displaystyle\sum_{i=1}^{m} a_{1i}c_i \\ \vdots \\ \displaystyle\sum_{i=1}^{m} a_{ni}c_i \end{pmatrix}\\
&=r\begin{pmatrix} a_{11} & \cdots & a_{1m} \\ \vdots & \ddots & \vdots \\ a_{n1} & \cdots & a_{nm} \end{pmatrix}\begin{pmatrix} b_1 \\ \vdots \\ b_m \end{pmatrix} + s\begin{pmatrix} a_{11} & \cdots & a_{1m} \\ \vdots & \ddots & \vdots \\ a_{n1} & \cdots & a_{nm} \end{pmatrix}\begin{pmatrix} c_1 \\ \vdots \\ c_m \end{pmatrix}\\
&=rm_A(\boldsymbol{x})+sm_A(\boldsymbol{y})
\end{aligned}$$

したがって示された．

問題 5.19. **(1)⟹(2)** について．次を示すことが目標になる．

（目標） ① $\mathrm{Im}(f) \subset V_2$ ② $\mathrm{Im}(f) \supset V_2$

①について．集合 $\mathrm{Im}(f)$ の定義よりいえる．

②について．V_2 の任意の元 $\boldsymbol{v}_2$ に対して $\boldsymbol{v}_2 \in \mathrm{Im}(f)$ を示せばよい．仮定より f は全射なので V_1 のある元 $\boldsymbol{v}_1$ で $f(\boldsymbol{v}_1) = \boldsymbol{v}_2$ をみたすものが存在する．よって $\boldsymbol{v}_2 = f(\boldsymbol{v}_1) \in \mathrm{Im}(f)$ となり，②が示された．

(2)⟹(1) について．次を示すことが目標になる．

（目標） V_2 の任意の元 $\boldsymbol{u}_2$ に対して V_1 のある元 $\boldsymbol{u}_1$ で $f(\boldsymbol{u}_1) = \boldsymbol{u}_2$ をみたすものが存在する.

いま，仮定より $\mathrm{Im}(f) = V_2$ が成り立つので，$\mathrm{Im}(f)$ の定義から V_2 の任意の元 $\boldsymbol{u}_2$ に対して V_1 のある元 $\boldsymbol{u}_1$ で $f(\boldsymbol{u}_1) = \boldsymbol{u}_2$ をみたすものが存在することがわかる．以上より示された．

問題 5.20 **(1)** について．

m_A が全射である

$\Longleftrightarrow \mathbb{R}^n$ の任意の元 $\boldsymbol{y} = \begin{pmatrix} y_1 \\ \vdots \\ y_n \end{pmatrix}$ に対して $\mathbb{R}^m$ のある元 $\boldsymbol{x} = \begin{pmatrix} x_1 \\ \vdots \\ x_m \end{pmatrix}$ が存在して $A\boldsymbol{x} = \boldsymbol{y}$ が成り立つ．

$$\iff \begin{pmatrix} \boldsymbol{a}_1 & \cdots & \boldsymbol{a}_m \end{pmatrix} \begin{pmatrix} x_1 \\ \vdots \\ x_m \end{pmatrix} = A \begin{pmatrix} x_1 \\ \vdots \\ x_m \end{pmatrix} = \begin{pmatrix} y_1 \\ \vdots \\ y_n \end{pmatrix}$$

$\iff \mathbb{R}^n$ の任意の元 $\boldsymbol{y}$ に対して，ある実数 $x_1, \ldots, x_m$ で $\boldsymbol{y} = x_1\boldsymbol{a}_1 + \cdots + x_m\boldsymbol{a}_m$ をみたすものが存在する．

$\iff \mathbb{R}^n$ の任意の元 $\boldsymbol{y}$ に対して，$\boldsymbol{y} \in \langle \boldsymbol{a}_1, \ldots, \boldsymbol{a}_m \rangle$ が成り立つ．

$\iff \mathbb{R}^n = \langle \boldsymbol{a}_1, \ldots, \boldsymbol{a}_m \rangle$ が成り立つ．

(2) について．

m_A が単射である

$\iff \mathrm{Ker}(m_A) = \{\mathbf{0}_{\mathbb{R}^m}\}$　（定理 5.17 より）

$\iff \mathbb{R}^m$ の元 $\boldsymbol{x} = \begin{pmatrix} x_1 \\ \vdots \\ x_m \end{pmatrix}$ で $A\boldsymbol{x} = \mathbf{0}_{\mathbb{R}^n}$ ならば $\boldsymbol{x} = \mathbf{0}_{\mathbb{R}^m}$．

$\iff m$ 個の実数 $x_1, \ldots, x_m$ で $x_1\boldsymbol{a}_1 + \cdots + x_m\boldsymbol{a}_m = \mathbf{0}$ ならば $x_1 = 0, \ldots, x_m = 0$ をみたす．

$\iff \boldsymbol{a}_1, \ldots, \boldsymbol{a}_m$ は一次独立である．

問題 5.23.　集合 $f(S)$ はベクトル空間 W の部分集合であることに注意する．定理 3.2 より次の 2 つを示すことが目標になる．

（目標）① $f(S)$ の任意の 2 つの元 $\boldsymbol{w}_1, \boldsymbol{w}_2$ に対して，$\boldsymbol{w}_1 + \boldsymbol{w}_2 \in f(S)$.
② $f(S)$ の任意の元 $\boldsymbol{w}$ と任意の実数 λ に対して，$\lambda\boldsymbol{w} \in f(S)$.

①について．$\boldsymbol{w}_1, \boldsymbol{w}_2 \in f(S)$ より集合 $f(S)$ の定義を考えると S の元 $\boldsymbol{v}_1$, $\boldsymbol{v}_2$ で $\boldsymbol{w}_1 = f(\boldsymbol{v}_1)$, $\boldsymbol{w}_2 = f(\boldsymbol{v}_2)$ なるものが存在する．このとき，S は V の部分ベクトル空間より $\boldsymbol{v}_1 + \boldsymbol{v}_2 \in S$ であることに注意する．すると f が線形写像であるので $\boldsymbol{w}_1 + \boldsymbol{w}_2 = f(\boldsymbol{v}_1) + f(\boldsymbol{v}_2) = f(\boldsymbol{v}_1 + \boldsymbol{v}_2) \in f(S)$ となり①が示された．

②について．①での議論と同様にして示す．まず $\boldsymbol{w} \in f(S)$ より集合 $f(S)$ の定義を考えると S の元 $\boldsymbol{v}$ で $\boldsymbol{w} = f(\boldsymbol{v})$ なるものが存在する．このとき，S は V の部分ベクトル空間より任意の実数 λ に対して $\lambda\boldsymbol{v} \in S$ であることに注意する．すると f が線形写像であるので $\lambda\boldsymbol{w} = \lambda f(\boldsymbol{v}) = f(\lambda\boldsymbol{v}) \in f(S)$ となり②も示された．

問題 5.32.　(1)

$$A = \begin{pmatrix} 1 & 3 & 0 & 1 & 0 & 2 \\ 1 & 0 & -2 & 1 & 1 & -1 \\ 0 & 2 & 2 & -1 & 0 & -2 \\ 1 & 1 & 3 & 2 & 1 & 1 \end{pmatrix}$$

とおく．このとき

$$A \xrightarrow[①]{} \begin{pmatrix} 1 & 3 & 0 & 1 & 0 & 2 \\ 0 & -3 & -2 & 0 & 1 & -3 \\ 0 & 2 & 2 & -1 & 0 & -2 \\ 0 & -2 & 3 & 1 & 1 & -1 \end{pmatrix} \xrightarrow[②]{} \begin{pmatrix} 1 & 3 & 0 & 1 & 0 & 2 \\ 0 & 1 & 1 & -\frac{1}{2} & 0 & -1 \\ 0 & -3 & -2 & 0 & 1 & -3 \\ 0 & -2 & 3 & 1 & 1 & -1 \end{pmatrix}$$

$$\xrightarrow[③]{} \begin{pmatrix} 1 & 3 & 0 & 1 & 0 & 2 \\ 0 & 1 & 1 & -\frac{1}{2} & 0 & -1 \\ 0 & 0 & 1 & -\frac{3}{2} & 1 & -6 \\ 0 & 0 & 5 & 0 & 1 & -3 \end{pmatrix} \xrightarrow[④]{} \begin{pmatrix} 1 & 3 & 0 & 1 & 0 & 2 \\ 0 & 1 & 1 & -\frac{1}{2} & 0 & -1 \\ 0 & 0 & 1 & -\frac{3}{2} & 1 & -6 \\ 0 & 0 & 0 & \frac{15}{2} & -4 & 27 \end{pmatrix}$$

$$\xrightarrow[⑤]{} \begin{pmatrix} 1 & 3 & 0 & 1 & 0 & 2 \\ 0 & 1 & 1 & -\frac{1}{2} & 0 & -1 \\ 0 & 0 & 1 & -\frac{3}{2} & 1 & -6 \\ 0 & 0 & 0 & 1 & -\frac{8}{15} & \frac{18}{5} \end{pmatrix}$$

説明 ① 第 1 行を (-1) 倍して第 2 行に加え，次に第 1 行を (-1) 倍して第 4 行に加える．② 第 3 行を $\frac{1}{2}$ 倍したあと，第 2 行と第 3 行を入れ替える．③ 第 2 行を 3 倍して第 3 行に加え，次に第 2 行を 2 倍して第 4 行に加える．④ 第 3 行を (-5) 倍して第 4 行に加える．⑤ 第 4 行を $\frac{2}{15}$ 倍する．

したがって $\dim(W_1 + W_2) = \operatorname{rank} A = 4$ である．

(2)

$$B = \begin{pmatrix} 1 & 3 & 0 \\ 1 & 0 & -2 \\ 0 & 2 & 2 \\ 1 & 1 & 3 \end{pmatrix}$$

とおく．このとき

$$B \xrightarrow[①]{} \begin{pmatrix} 1 & 3 & 0 \\ 0 & -3 & -2 \\ 0 & 2 & 2 \\ 0 & -2 & 3 \end{pmatrix} \xrightarrow[②]{} \begin{pmatrix} 1 & 3 & 0 \\ 0 & 1 & 1 \\ 0 & -3 & -2 \\ 0 & -2 & 3 \end{pmatrix}$$

$$\xrightarrow[③]{} \begin{pmatrix} 1 & 3 & 0 \\ 0 & 1 & 1 \\ 0 & 0 & 1 \\ 0 & 0 & 5 \end{pmatrix} \xrightarrow[④]{} \begin{pmatrix} 1 & 3 & 0 \\ 0 & 1 & 1 \\ 0 & 0 & 1 \\ 0 & 0 & 0 \end{pmatrix}$$

説明 ① 第 1 行を (-1) 倍して第 2 行に加え，次に第 1 行を (-1) 倍して第 4 行に加える．② 第 3 行を $\frac{1}{2}$ 倍したあと，第 2 行と第 3 行を入れ替える．③ 第 2

行を 3 倍して第 3 行に加え，次に第 2 行を 2 倍して第 4 行に加える．④ 第 3 行を (-5) 倍して第 4 行に加える．

したがって $\dim W_1 = \operatorname{rank} B = 3$ である．次に

$$C = \begin{pmatrix} 1 & 0 & 2 \\ 1 & 1 & -1 \\ -1 & 0 & -2 \\ 2 & 1 & 1 \end{pmatrix}$$

とおく．このとき

$$C \underset{①}{\longrightarrow} \begin{pmatrix} 1 & 0 & 2 \\ 0 & 1 & -3 \\ 0 & 0 & 0 \\ 0 & 1 & -3 \end{pmatrix} \underset{②}{\longrightarrow} \begin{pmatrix} 1 & 0 & 2 \\ 0 & 1 & -3 \\ 0 & 0 & 0 \\ 0 & 0 & 0 \end{pmatrix}$$

説明 ① 第 1 行を (-1) 倍して第 2 行に加え，次に第 1 行を第 3 行に加え，最後に第 1 行を (-2) 倍して第 4 行に加える．② 第 2 行を (-1) 倍して第 4 行に加える．

したがって $\dim W_2 = \operatorname{rank} C = 2$ である．

すると定理 4.18 より $\dim(W_1 \cap W_2) = \dim W_1 + \dim W_2 - \dim(W_1 + W_2) = 3 + 2 - 4 = 1$ である．

問題 6.5. (1) 命題 5.4 より次の目標を示せばよい．

> （目標） V の任意の元
>
> $$A = \begin{pmatrix} a_1 & b_1 \\ c_1 & d_1 \end{pmatrix},\ B = \begin{pmatrix} a_2 & b_2 \\ c_2 & d_2 \end{pmatrix}$$
>
> と任意の実数 r, s に対し $f(rA + sB) = rf(A) + sf(B)$ がいえること．

すると

$$\begin{aligned} f(rA + sB) &= f\left(\begin{pmatrix} ra_1 + sa_2 & rb_1 + sb_2 \\ rc_1 + sc_2 & rd_1 + sd_2 \end{pmatrix}\right) \\ &= \begin{pmatrix} (ra_1 + sa_2) + (rd_1 + sd_2) & (rb_1 + sb_2) + (rc_1 + sc_2) \\ (rb_1 + sb_2) - (rc_1 + sc_2) & (ra_1 + sa_2) - (rd_1 + sd_2) \end{pmatrix} \\ &= \begin{pmatrix} r(a_1 + d_1) + s(a_2 + d_2) & r(b_1 + c_1) + s(b_2 + c_2) \\ r(b_1 - c_1) + s(b_2 - c_2) & r(a_1 - d_1) + s(a_2 - d_2) \end{pmatrix} \\ &= r\begin{pmatrix} a_1 + d_1 & b_1 + c_1 \\ b_1 - c_1 & a_1 - d_1 \end{pmatrix} + s\begin{pmatrix} a_2 + d_2 & b_2 + c_2 \\ b_2 - c_2 & a_2 - d_2 \end{pmatrix} \\ &= rf(A) + sf(B) \end{aligned}$$

したがって線形写像であることが示された.

(2) V の順序付き基底 $\mathcal{V}$ に関する V の元 $\begin{pmatrix} a & b \\ c & d \end{pmatrix}$ の座標表示は $\begin{pmatrix} \dfrac{a+b+c-2d}{3} \\ \dfrac{a+c+d-2b}{3} \\ \dfrac{b+c+d-2a}{3} \\ \dfrac{a+b+d-2c}{3} \end{pmatrix}$ であり（問題 4.30 の解答を参照），W の順序付き基底 $\mathcal{W}$ に関する W の元 $\begin{pmatrix} a+d & b+c \\ b-c & a-d \end{pmatrix}$ の座標表示は $\begin{pmatrix} a+d \\ b+c \\ b-c \\ a-d \end{pmatrix}$ である.

したがって $\mathcal{V}$ と $\mathcal{W}$ に関する線形写像 f の表現行列 A は

$$\begin{pmatrix} a+d \\ b+c \\ b-c \\ a-d \end{pmatrix} = A \begin{pmatrix} \dfrac{a+b+c-2d}{3} \\ \dfrac{a+c+d-2b}{3} \\ \dfrac{b+c+d-2a}{3} \\ \dfrac{a+b+d-2c}{3} \end{pmatrix}$$

をみたす．ところで $\begin{pmatrix} a \\ b \\ c \\ d \end{pmatrix}$ を $\begin{pmatrix} a+d \\ b+c \\ b-c \\ a-d \end{pmatrix}$ へうつす写像は $\mathbb{R}^4$ から $\mathbb{R}^4$ への線形写像であるので命題 5.14 より，ある 4 次正方行列 P を用いて

$$\begin{pmatrix} a+d \\ b+c \\ b-c \\ a-d \end{pmatrix} = P \begin{pmatrix} a \\ b \\ c \\ d \end{pmatrix}$$

と書ける．同様にして

$$\begin{pmatrix} \dfrac{a+b+c-2d}{3} \\ \dfrac{a+c+d-2b}{3} \\ \dfrac{b+c+d-2a}{3} \\ \dfrac{a+b+d-2c}{3} \end{pmatrix} = Q \begin{pmatrix} a \\ b \\ c \\ d \end{pmatrix}$$

をみたす 4 次正方行列 Q が存在することがわかる．すると

$$P = \begin{pmatrix} 1 & 0 & 0 & 1 \\ 0 & 1 & 1 & 0 \\ 0 & 1 & -1 & 0 \\ 1 & 0 & 0 & -1 \end{pmatrix}, \quad Q = \frac{1}{3}\begin{pmatrix} 1 & 1 & 1 & -2 \\ 1 & -2 & 1 & 1 \\ -2 & 1 & 1 & 1 \\ 1 & 1 & -2 & 1 \end{pmatrix}$$

であり，さらに

$$P\begin{pmatrix} a \\ b \\ c \\ d \end{pmatrix} = AQ\begin{pmatrix} a \\ b \\ c \\ d \end{pmatrix}$$

が任意の実数 $\boldsymbol{a}$, $\boldsymbol{b}$, $\boldsymbol{c}$, $\boldsymbol{d}$ に対して成り立つ．特に

$$\begin{pmatrix} a \\ b \\ c \\ d \end{pmatrix} = \begin{pmatrix} 1 \\ 0 \\ 0 \\ 0 \end{pmatrix}, \quad \begin{pmatrix} 0 \\ 1 \\ 0 \\ 0 \end{pmatrix}, \quad \begin{pmatrix} 0 \\ 0 \\ 1 \\ 0 \end{pmatrix}, \quad \begin{pmatrix} 0 \\ 0 \\ 0 \\ 1 \end{pmatrix}$$

と，順次おくことにより，

$$P\begin{pmatrix} 1 & 0 & 0 & 0 \\ 0 & 1 & 0 & 0 \\ 0 & 0 & 1 & 0 \\ 0 & 0 & 0 & 1 \end{pmatrix} = AQ\begin{pmatrix} 1 & 0 & 0 & 0 \\ 0 & 1 & 0 & 0 \\ 0 & 0 & 1 & 0 \\ 0 & 0 & 0 & 1 \end{pmatrix}$$

つまり $P = AQ$ となる．したがって

$$A = PQ^{-1} = \begin{pmatrix} 1 & 0 & 0 & 1 \\ 0 & 1 & 1 & 0 \\ 0 & 1 & -1 & 0 \\ 1 & 0 & 0 & -1 \end{pmatrix}\begin{pmatrix} 1 & 1 & 0 & 1 \\ 1 & 0 & 1 & 1 \\ 1 & 1 & 1 & 0 \\ 0 & 1 & 1 & 1 \end{pmatrix}$$

$$= \begin{pmatrix} 1 & 2 & 1 & 2 \\ 2 & 1 & 2 & 1 \\ 0 & -1 & 0 & 1 \\ 1 & 0 & -1 & 0 \end{pmatrix}$$

となる．

問題 6.6. ベクトル空間 V の次元を n とし，順序付き基底 $\mathcal{V}$ を $(\boldsymbol{v}_1, \ldots, \boldsymbol{v}_n)$ とする．このとき $1 \leq i \leq n$ なる任意の整数 i に対して

$$\mathrm{id}_V(\boldsymbol{v}_i) = \sum_{j=1}^{n} b_{ji}\boldsymbol{v}_j$$

と表せる．ただし b_{ji} は実数とする．いま id_V の定義より $\mathrm{id}_V(\boldsymbol{v}_i) = \boldsymbol{v}_i$ となることに注意すると $\{\boldsymbol{v}_1, \ldots, \boldsymbol{v}_n\}$ が V の基底であることから次が成り立つことがわかる．

$$b_{pq} = \begin{cases} 1, & p = q \text{ のとき} \\ 0, & p \neq q \text{ のとき} \end{cases}$$

一方 id_V の $\mathcal{V}$ に関する表現行列の (p, q) 成分は b_{pq} となるので

$$\begin{pmatrix} b_{11} & b_{12} & \cdots & b_{1n} \\ b_{21} & b_{22} & \cdots & b_{2n} \\ \vdots & \vdots & \ddots & \vdots \\ b_{n1} & b_{n2} & \cdots & b_{nn} \end{pmatrix} = \begin{pmatrix} 1 & 0 & \cdots & 0 \\ 0 & 1 & \cdots & 0 \\ \vdots & \vdots & \ddots & \vdots \\ 0 & 0 & \cdots & 1 \end{pmatrix}$$

となる．つまり単位行列となり題意を得る．

問題 6.8. 写像 $b_{\mathcal{V}}$ の同型をいうので次の目標を示せばよい．

（目標） (1) $b_{\mathcal{V}}$ が線形写像となること． (2) $b_{\mathcal{V}}$ が全単射になること．

(1) について．命題 5.4 より次を示せばよい．

V の任意の元 $\boldsymbol{u}, \boldsymbol{v}$ と任意の実数 r, s に対して
$$b_{\mathcal{V}}(r\boldsymbol{u} + s\boldsymbol{v}) = rb_{\mathcal{V}}(\boldsymbol{u}) + sb_{\mathcal{V}}(\boldsymbol{v})$$

まず $\boldsymbol{u}$ と $\boldsymbol{v}$ を順序付き基底 $\mathcal{V}$ を用いて表現する．

$$\boldsymbol{u} = \sum_{i=1}^{n} b_i\boldsymbol{v}_i, \quad \boldsymbol{v} = \sum_{i=1}^{n} c_i\boldsymbol{v}_i$$

すると

$$\begin{aligned} b_{\mathcal{V}}(r\boldsymbol{u} + s\boldsymbol{v}) = b_{\mathcal{V}}\left(\sum_{i=1}^{n}(rb_i + sc_i)\boldsymbol{v}_i\right) &= \sum_{i=1}^{n}(rb_i + sc_i)\boldsymbol{e}_i \\ &= r\sum_{i=1}^{n} b_i\boldsymbol{e}_i + s\sum_{i=1}^{n} c_i\boldsymbol{e}_i \\ &= rb_{\mathcal{V}}\left(\sum_{i=1}^{n} b_i\boldsymbol{v}_i\right) + sb_{\mathcal{V}}\left(\sum_{i=1}^{n} c_i\boldsymbol{v}_i\right) \\ &= rb_{\mathcal{V}}(\boldsymbol{u}) + sb_{\mathcal{V}}(\boldsymbol{v}) \end{aligned}$$

となり線形写像であることが示される．

(2) について．まずは全射について調べる．つまり次を示せばよい．

> $\mathbb{R}^n$ の任意の元 $\boldsymbol{y}$ に対して，V のある元 $\boldsymbol{v}$ で $\boldsymbol{y} = b_{\mathcal{V}}(\boldsymbol{v})$ をみたすものがあることを示す．

$\mathbb{R}^n$ の元 $\boldsymbol{y}$ を $\boldsymbol{y} = \begin{pmatrix} y_1 \\ \vdots \\ y_n \end{pmatrix}$ とあらわす．この時 $\boldsymbol{v} = \sum_{i=1}^{n} y_i \boldsymbol{v}_i$ とおくと

$$b_{\mathcal{V}}(\boldsymbol{v}) = \sum_{i=1}^{n} y_i \boldsymbol{e}_i = y_1 \begin{pmatrix} 1 \\ 0 \\ \vdots \\ 0 \end{pmatrix} + \cdots + y_n \begin{pmatrix} 0 \\ \vdots \\ 0 \\ 1 \end{pmatrix} = \begin{pmatrix} y_1 \\ \vdots \\ y_n \end{pmatrix} = \boldsymbol{y}$$

となり全射が示された．

次に単射について示す．$b_{\mathcal{V}}$ は線形写像なので定理 5.17 より次を示せばよい．

> V の元 $\boldsymbol{u}$ に対して，$b_{\mathcal{V}}(\boldsymbol{u}) = \boldsymbol{0}_{\mathbb{R}^n}$ をみたすなら $\boldsymbol{u} = \boldsymbol{0}_V$ となることを示す．

まず $\boldsymbol{u} = \sum_{i=1}^{n} r_i \boldsymbol{v}_i$ とおく（ここで各 r_i は実数）．すると

$$\begin{pmatrix} 0 \\ \vdots \\ 0 \end{pmatrix} = \boldsymbol{0}_{\mathbb{R}^n} = b_{\mathcal{V}}(\boldsymbol{u}) = \sum_{i=1}^{n} r_i \boldsymbol{e}_i = \begin{pmatrix} r_1 \\ \vdots \\ r_n \end{pmatrix}$$

なので $\boldsymbol{u} = \sum_{i=1}^{n} r_i \boldsymbol{v}_i = \sum_{i=1}^{n} 0 \boldsymbol{v}_i = \boldsymbol{0}_V$ となり単射もいえた．

問題 6.19. (1) $P(3, \mathbb{R})$ の任意の元 $f(X) = \sum_{i=0}^{3} a_i X^i$ をとる．順序付き基底 $\mathcal{V}' = (1, 1+X, 1+X+X^2, 1+X+X^2+X^3)$ に関する $f(X)$ の座標表示は

$$\begin{pmatrix} a_0 - a_1 \\ a_1 - a_2 \\ a_2 - a_3 \\ a_3 \end{pmatrix}$$

となる．また，$P(2, \mathbb{R})$ の順序付き基底 $\mathcal{W}'$ による $F(f(X))$ の座標表示は

$$\begin{pmatrix} 0 \\ a_0 + 2a_1 \\ a_2 - a_3 \end{pmatrix}$$

となる．したがって $\mathcal{V}', \mathcal{W}'$ に関する F の表現行列を B とすると

$$\begin{pmatrix} 0 \\ a_0 + 2a_1 \\ a_2 - a_3 \end{pmatrix} = B \begin{pmatrix} a_0 - a_1 \\ a_1 - a_2 \\ a_2 - a_3 \\ a_3 \end{pmatrix}$$

である．これから B を求める． $\begin{pmatrix} a_0 \\ a_1 \\ a_2 \\ a_3 \end{pmatrix}$ を $\begin{pmatrix} a_0 - a_1 \\ a_1 - a_2 \\ a_2 - a_3 \\ a_3 \end{pmatrix}$ へうつす写像は $\mathbb{R}^4$ から $\mathbb{R}^4$ への線形写像である．したがって命題 5.14 よりある 4 次正方行列 R を用いて

$$\begin{pmatrix} a_0 - a_1 \\ a_1 - a_2 \\ a_2 - a_3 \\ a_3 \end{pmatrix} = R \begin{pmatrix} a_0 \\ a_1 \\ a_2 \\ a_3 \end{pmatrix}$$

と書ける．同様にして，

$$\begin{pmatrix} 0 \\ a_0 + 2a_1 \\ a_2 - a_3 \end{pmatrix} = S \begin{pmatrix} a_0 \\ a_1 \\ a_2 \\ a_3 \end{pmatrix}$$

をみたす 3×4 行列 S が存在することがわかる．すると

$$R = \begin{pmatrix} 1 & -1 & 0 & 0 \\ 0 & 1 & -1 & 0 \\ 0 & 0 & 1 & -1 \\ 0 & 0 & 0 & 1 \end{pmatrix}, \quad S = \begin{pmatrix} 0 & 0 & 0 & 0 \\ 1 & 2 & 0 & 0 \\ 0 & 0 & 1 & -1 \end{pmatrix}$$

であり，さらに

$$S \begin{pmatrix} a_0 \\ a_1 \\ a_2 \\ a_3 \end{pmatrix} = BR \begin{pmatrix} a_0 \\ a_1 \\ a_2 \\ a_3 \end{pmatrix}$$

が任意の実数 $\boldsymbol{a_0}$, $\boldsymbol{a_1}$, $\boldsymbol{a_2}$, $\boldsymbol{a_3}$ に対して成り立つ．特に

$$\begin{pmatrix} a_0 \\ a_1 \\ a_2 \\ a_3 \end{pmatrix} = \begin{pmatrix} 1 \\ 0 \\ 0 \\ 0 \end{pmatrix}, \begin{pmatrix} 0 \\ 1 \\ 0 \\ 0 \end{pmatrix}, \begin{pmatrix} 0 \\ 0 \\ 1 \\ 0 \end{pmatrix}, \begin{pmatrix} 0 \\ 0 \\ 0 \\ 1 \end{pmatrix}$$

と順次おくことにより，

$$S \begin{pmatrix} 1 & 0 & 0 & 0 \\ 0 & 1 & 0 & 0 \\ 0 & 0 & 1 & 0 \\ 0 & 0 & 0 & 1 \end{pmatrix} = BR \begin{pmatrix} 1 & 0 & 0 & 0 \\ 0 & 1 & 0 & 0 \\ 0 & 0 & 1 & 0 \\ 0 & 0 & 0 & 1 \end{pmatrix}$$

つまり $S = BR$ となる．

$$R^{-1} = \begin{pmatrix} 1 & 1 & 1 & 1 \\ 0 & 1 & 1 & 1 \\ 0 & 0 & 1 & 1 \\ 0 & 0 & 0 & 1 \end{pmatrix}$$

となることに注意すると

$$\begin{aligned} B = SR^{-1} &= \begin{pmatrix} 0 & 0 & 0 & 0 \\ 1 & 2 & 0 & 0 \\ 0 & 0 & 1 & -1 \end{pmatrix} \begin{pmatrix} 1 & 1 & 1 & 1 \\ 0 & 1 & 1 & 1 \\ 0 & 0 & 1 & 1 \\ 0 & 0 & 0 & 1 \end{pmatrix} \\ &= \begin{pmatrix} 0 & 0 & 0 & 0 \\ 1 & 3 & 3 & 3 \\ 0 & 0 & 1 & 0 \end{pmatrix} \end{aligned}$$

となる．

(2) まず順序付き基底 $\mathcal{V}'$ による座標表示を例題 6.4 (2) の順序付き基底 $\mathcal{V}$ による座標表示にうつす変換行列 P_1 を求める．

$$\begin{pmatrix} a_0 \\ a_1 \\ a_2 \\ a_3 \end{pmatrix} = P_1 \begin{pmatrix} a_0 - a_1 \\ a_1 - a_2 \\ a_2 - a_3 \\ a_3 \end{pmatrix}$$

より

$$P_1 = \begin{pmatrix} 1 & 1 & 1 & 1 \\ 0 & 1 & 1 & 1 \\ 0 & 0 & 1 & 1 \\ 0 & 0 & 0 & 1 \end{pmatrix}$$

となる．また順序付き基底 $\mathcal{W}'$ による座標表示を例題 6.4 (2) の順序付き基底 $\mathcal{W}$ による座標表示にうつす変換行列 P_2 を求めると

$$\begin{pmatrix} a_0 - a_1 \\ a_1 - a_2 \\ a_2 \end{pmatrix} = P_2 \begin{pmatrix} a_0 \\ a_1 \\ a_2 \end{pmatrix}$$

より

$$P_2 = \begin{pmatrix} 1 & -1 & 0 \\ 0 & 1 & -1 \\ 0 & 0 & 1 \end{pmatrix}$$

となる．

(3) 例題 6.4 より

$$A = \begin{pmatrix} -1 & -2 & 0 & 0 \\ 1 & 2 & -1 & 1 \\ 0 & 0 & 1 & -1 \end{pmatrix}$$

となるので

$$\begin{aligned} P_2^{-1} A P_1 &= \begin{pmatrix} 1 & -1 & 0 \\ 0 & 1 & -1 \\ 0 & 0 & 1 \end{pmatrix}^{-1} \begin{pmatrix} -1 & -2 & 0 & 0 \\ 1 & 2 & -1 & 1 \\ 0 & 0 & 1 & -1 \end{pmatrix} \begin{pmatrix} 1 & 1 & 1 & 1 \\ 0 & 1 & 1 & 1 \\ 0 & 0 & 1 & 1 \\ 0 & 0 & 0 & 1 \end{pmatrix} \\ &= \begin{pmatrix} 1 & 1 & 1 \\ 0 & 1 & 1 \\ 0 & 0 & 1 \end{pmatrix} \begin{pmatrix} -1 & -2 & 0 & 0 \\ 1 & 2 & -1 & 1 \\ 0 & 0 & 1 & -1 \end{pmatrix} \begin{pmatrix} 1 & 1 & 1 & 1 \\ 0 & 1 & 1 & 1 \\ 0 & 0 & 1 & 1 \\ 0 & 0 & 0 & 1 \end{pmatrix} \\ &= \begin{pmatrix} 0 & 0 & 0 & 0 \\ 1 & 3 & 3 & 3 \\ 0 & 0 & 1 & 0 \end{pmatrix} = B \end{aligned}$$

がいえる．

参考文献

[1] 青本和彦ほか,『数学入門辞典』, 岩波書店, 2005.

[2] 齋藤正彦,『線型代数入門』, 東京大学出版会, 1966.

[3] 佐武一郎,『線型代数学』, 裳華房, 1974.

[4] 永田雅宜ほか,『理系のための線型代数の基礎』, 紀伊國屋書店, 1986.

[5] 福間慶明,『理系のための行列・行列式, めざせ！　理論と計算の完全マスター』, 数学のかんどころ 2, 共立出版, 2011.

[6] I. クライナー（齋藤正彦 訳),『抽象代数の歴史』, 日本評論社, 2011.

[7] ヴィクター J. カッツ（上野健爾・三浦伸夫監訳),『カッツ 数学の歴史』, 共立出版, 2005.

[8] I. ジェイムズ（蟹江幸博 訳),『数学者列伝 I, II, III』, シュプリンガー・ジャパン, 2005, 2007, 2011.

索　引

memo

memo

〈著者紹介〉

福間　慶明（ふくま よしあき）

略　歴

1996 年　東京工業大学理工学研究科数学専攻博士課程修了

現　在　高知大学理学部教授

博士（理学）

数学のかんどころ **24**

わかる！使える！楽しめる！
ベクトル空間

(*Foundation of Vector Spaces*)

2014 年 3 月 15 日　初版 1 刷発行

検印廃止

NDC 411.8

ISBN 978-4-320-11065-6

著　者　福間慶明　© 2014

発行者　南條光章

発行所　**共立出版株式会社**

〒 112-8700
東京都文京区小日向 4-6-19
電話番号　03-3947-2511（代表）
振替口座　00110-2-57035

共立出版ホームページ
http://www.kyoritsu-pub.co.jp/

印　刷　大日本法令印刷

製　本　協栄製本

一般社団法人
自然科学書協会
会員

Printed in Japan